Architecture without Architects **건축가** 없는 **건축**

건축가 없는 건축

토속건축의 짧은 소개

Bernard Rudofsky 지음 | 김미선 옮김

Spacetime

감사의 글

1964년 11월 9일부터 1965년 2월 7일까지 Moma(Museum of Modern Art)에서 전시된 '**건축가 없는 건축***(Architecture without Architects)*' 전시회는 Moma국제위원회의 후원으로 순회전시부(Department of Circulating Exhibitions)로부터 의뢰받았다. 전시회와 동반한 출간은 건축 디자인부 컨설턴트인 저자가 준비하고 디자인했다. 존사이먼(John Simon)구겐하임기념재단과 포드(Ford)재단이 본 프로젝트 연구에 재정적인 도움을 주셨다. 재단은 비공식적이고 비유형화된 건축물을 연구하는 전시회의 감독에게 연구비를 지원해주었다. 건축가 Walter Gropius, Pietro Belluschi, José Luis Sert, Richard Neutra, Gio Ponti, Kenzo Tange, 그리고 미술관 감독 René d' Harnoncourt의 열성적인 추천이 없었다면 이런 보조금은 지원되지 못했을 것이다. 이들은 모두 토속건축이 풍부한 나라 출신들이다. 진심으로 많은 분들께 감사드린다. 여기에 나열하기에는 너무도 많은 분들이 다방면으로 이 프로젝트에 힘써 주셨다. 그러나 파리 Musée de l' Homme의 Renée Heyum부인, 뉴욕 The Hispanic Society of America의 Ruth M. Anderson양, 프랑크푸르트 Frobenius 연구소 직원과 워싱턴D.C Islamic Achives의 Myron B. Smith박사에게 특히 감사드린다. 조사 보조의 Ellen Marsh양은 훌륭하게 참아주었다. 아낌없이 기증 받은 사진들의 출처는 마지막 페이지에 실었다.

Bernard Rudofsky

토속건축은 유행주기를 타지 않는다. 이는 거의 불변이며, 실상 개선될 수없는 것이다. 왜냐하면 토속건축은 그것의 목적에 완벽하도록 지어지기 때문이다. 대체로 토착건물형태와 건축방식들의 기원은 먼 옛날 사라졌다. 아래(사진 1)에 지중해 지역의 전형적인 주거가 있다.

1

서문

서양의 입장에서 기록되고 가르쳐진 건축사는 몇몇의 선택된 문화들 외에는 주목한 적이 없었다. 공간적으로 그것은 지구-유럽, 이집트와 소아시아로 뻗은-의 작은 부분이나 겨우 2세기(A.D.)에 알려진 것에 지나지 않는 것들만 포함한다. 게다가 건축의 발전은 대개 그것의 후기 단계들만 다루어진다. 처음 50세기를 생략한 건축사가들은 잘 차려진 야외극을 상연하듯이 "공식적인(formal)" 건축을 소개한다. 이처럼 독단적으로 건축을 소개하는 방식은 마치 심포니오케스트라의 출현으로 음악의 탄생시기를 정하는 것과 같다. 비록 초기 단계의 생략-양해가 없었을지라도-이 건축적 기념비들의 부족으로 설명될 수 있다 할지라도, 건축사가들의 차별적인 접근은 대개 편협함 때문이다. 이외에도 우리가 아는 데로 건축사는 사회의 일면과 같이 편향된다. 이는 결국 권력과 부를 기념하는 건축가들 중의 누군가에 지나지 않는 것과 같다. 즉, 보다 중요치 않은 사람들의 주택들에 관해서는 한 마디도 없는 특권자에 의한, 특권자를 위한, 특권자의 건물들을 모아 둔 작품집-진짜 신과 가짜 신들의 성전들, 호상들과 피의 지배자들의 저택들-에 지나지 않는다. 귀족건축과 건축적 귀족성으로 다른 모든 종류를 배제한 그와 같은 선입견은 한 세대 전만해도 이해될 수 있었을 것이다. 고대 건물들의 잔재와 폐허는 건축가 혼자만의 완벽한 모델들(그가 그 자신은 물론 편의에도 도움을 준)로 대접받았던 때만해도 그랬다. 그러나 오늘날 역사적 형식들을 모방하는 것이 쇠퇴한 때에, 은행건물들이나 철도역사들은 신뢰를 나타내기 위해 석재로 만들어질 필요가 없다. 마치 기도자들이 믿음을 표현하기 위해 돌로 스스로에게 부과한 제한 같은 것은 닮을 필요도 없고 불합리해 보이는 것과 같은 이치다.

「**건축가 없는 건축**」은 기존의 건축 계보에 포함되지 않은 생소한 세계를 소개함으로써 그 동안 우리가 가졌던 편협한 건축 예술의 개념을 무너뜨리고자 한 시도이다. 여기에 소개되는 건축의 세계는 우리에게 거의 알려지지 않았기에 적절한 명칭조차 붙일 수가 없다. 일반적인 명칭이 없어 경우에 따라서 우리는 그것을 토속적, 작자미상의, 자연발생적, 토착적, 시골풍의 것들이라고 부를 것이다. 불행하게도 우리가 작자미상 건축물의 총체적인 사진을 보는 시각은 가시적이거나 기타 자료의 부족으로 왜곡되어 있다. 반면 우리는 3만 년 전에 살았던 화가들의 예술적인 작품들과 기교의 능숙함은 상당히 잘 알고 있지만, 고고학자들은 불과 기원전 3천 년 경에 존재했던 취락의 흔적을 우연히 찾아내기만 해도 스스로 행운이라 여길 정도이다. 건축의 기원에 관해 의문을 갖는 것은 정당할 뿐만 아니라, 이 전시회의 주제와도 직결된다. 비록 피상적이더라도 가능한 한 기원들을 언급하는 것이 올바른 일일 것이다.

성서를 믿는 국가에서는 또한 성서를 최고의 가치로 여기는 것을 발견한다. 애통하게도 아담(Adam)의 아들 카인(Cain)이 도시를 세운 후 그의 아들 에녹(Enoch)의 이름을 따랐다는 사실(창세기 제4장: 17절)을 대하게 될 때만큼 그렇게 건축 문제들에 관해서 성서의 명확성이 혼란스러운 적은 없다. 한

2

북아메리카의 나무 위樹上에 사는 주민들. 추방 장면의 출처는 에라스무스 Erasmus Francisci의 「실낙원 Lustgarten, 1668」.

가족만으로 이룩된 도시란 듣기에는 좋으나 너무나 무모한 모험이며, 인류사에 두 번 다시 반복되지 않을 것이 틀림없다. 혹여 어떤 증거를 찾는다면, 그것은 부족함이 없던 낙원에서 축복받아 노래하는 새와 같은 생활로부터 도시라는 숨 막힐 정도로 착잡한 유기체로 한 세대 동안에 이루어진 깜짝 놀랄만한 진보를 설명할 수 있을 것이리라. 에녹을 괴물로 다루는 종교적 회의론자들은 노아의 방주에서 한층 더 중요한 의미를 발견할 것이다. 특히 그것이 하나님께서 직접 이루셨고 그의 치밀한 지시에 따라 만들어졌다는 뜻에서 말이다. 노아의 방주를 건물로 불러야 할지 혹은 수상 운반체로 불러야 할지에 대한 의문은 무의미하다. 방주에는 용골(龍骨)[1]이 없었고, 용골은 보다 훨씬 뒤에 만들어진 지적 발명품이다. 또한 당시에는 배가 알려지지 않았다는 가설을 쉽게 믿을 수 있을 것이다. 왜냐하면 배가 있었다면 대홍수의 본래 목적은 달성될 수 없었을 것이기 때문이다. 노아가 아라라트(Ararat)산에 착륙했을 때 그의 나이 601세로 전성기가 지난 때였다. 그는 여생을 포도재배에 바치기로 결정하고, 건축일은 자식들에게 넘겨주었다. 성경에는 셈(Shem)의 오두막들-아마도 방주에서 떼어낸 목재의 일부를 짜맞추어 지었을 것이다-에 대한 언급이 있다(창세기 제4장: 27절). 그러나 이 작업으로 건축술의 몰락은 굳어져버렸다.

건축의 기원을 추적하기 위해 과학에 의존하는 편을 선택한 무신론자는 몇 가지 흡수하기 어려운 사실을 그대로 받아들여야 한다. 진취적인 인간이 처음으로 나뭇가지를 구부려서 엉성한 지붕을 만들기 오래 전부터 짐승들은 이미 숙달된 건축사들이었던 것 같다. 비버(beaver)[2)]가 인간이 댐을 건설하는 광경을 지켜보다가 뚝을 쌓는 아이디어를 얻었을 리는 없다. 아마도 그 반대였을 것이다. 인간이 비바람을 가릴 피난처를 만들게 된 최초의 동기는 인간의 사촌 유인원으로부터였을 가능성이 가장 크다. 다윈은 극동의 군도에 사는 오랑우탄과 아프리카에 사는 침팬지가 그들이 잠잘 곳인 평평한 단(platform)을 만드는 것을 관찰하였다. "그리하여, 두 종들(species)은 동일한 습성을 가진 것으로 미루어 짐작컨대, 이는 본능이라고 할 수도 있으나, 동시에 두 동물이 비슷한 욕구를 갖고 유사한 추리력을 가진 결과가 아니라고 단정하지 않을 수 없다." 야생 원숭이는 인간처럼 자연동굴이나 돌출암반 아래에 은신처를 만들지 않고, 오히려 그들이 만든 높고 탁트인 발판을 선호한다. 다윈은 그의 저서「**인간의 기원**(*The Descent of Man*)」의 어느 대목에서 "오랑우탄은 밤이 되면 자신의 몸을 판다누스(Pandanus)잎으로 덮는다고 알려져 있다."라고 기술한다. 또한 브렘(Brehm)은 자신이 키우던 개코원숭이들 중 하나가 "햇살이 뜨거울 때면 으레 짚으로 엮은 것을 머리에 뒤

3

수상水上 마을, 중국. 출처는 에라스무스의 「실낙원」.

집어쓰고 몸을 보호한다."는 사실을 지적했다. 그는 "이러한 습성들에서 우리는 원시건축과 의상이 최초 원시인(고대 이탈리아 민족의)에게 발생하던 때처럼 좀 더 소박한 어떤 예술을 향한 첫 걸음들을 목격하는 것인지도 모른다."라고 추측했다. 따라서 교외에 살고 있는 사람들이 잔디 깎는 기계 옆에서 일요판 신문 한 장을 머리에 뒤집어쓰고 잠들어 있는 모습은 바로 건축의 기원을 재현하고 있는 것이다.

그러나 인간과 짐승이 이 땅 위에 출현하기 전에도 갖가지 건축물이 존재했으며, 그러한 건축물들은 천지창조라는 태고의 힘에 의해 거칠게 형상화되었고 때로는 바람과 물에 의해 우아한 구조로 다듬어졌다(사진 19 참조). 특히 자연 동

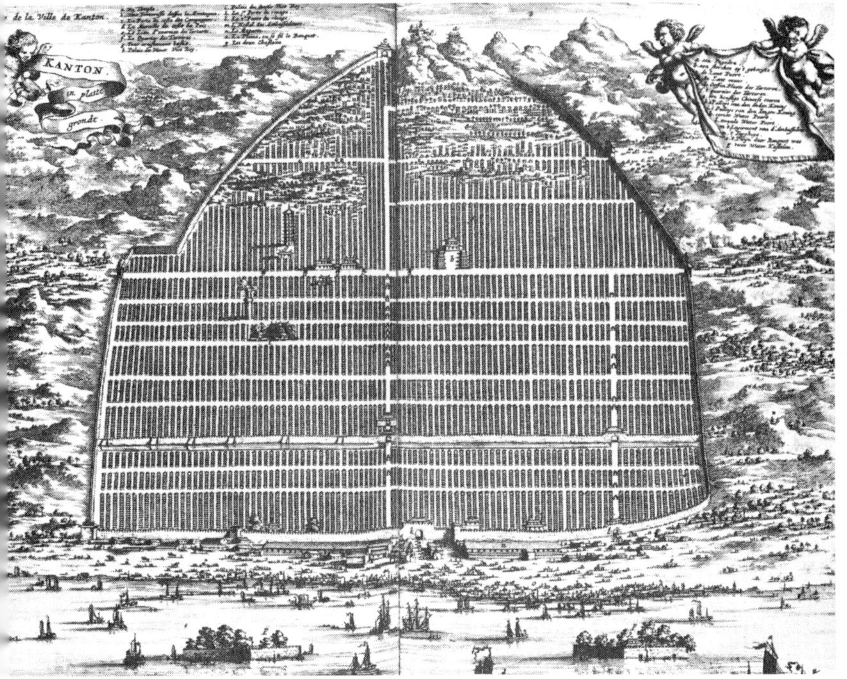

4

광동Canton의 도시계획도, 중국. 출처는 「동양주식회사 사절L' Ambassade de la Compagnie Orientale, 1665」.

굴들은 엄청난 매력을 갖고 있다. 인간의 가장 오래된 피난처였던 동굴이 궁극적으로 인류 최후의 은신처가 될 가능성도 있는 것이다. 좌우간 인간은 위대한 예지를 동원하여 인류의 가장 귀중한 가공물인 정부문서와 사업문서를 보관하는 장소로 동굴을 선택하였다. 물론 이 전시회의 범위는 계보에도 없는 건축물들의 역사 요약은 물론이고 대강의 유형조차도 제공할 수 없다. 다만 이 기획으로 인해 우리가 공식적이고 상업적인 건축의 편협한 세계에서 벗어나는 계기가 되었으면 하는 바램이다.

설사 이국적 예술들에 대한 평가가 오래전부터 서양 세계에서 있어왔다 하더라도, 그러나 늘 조심스럽게 "원시적"이라는 수식어를 빠뜨리지 않았다. 따라서 이국적 건축-여기서 이국적이란 단어는 그것의 원형적 의미로 성질이 다른 것을 의미하는 것으로 사용된다-은 아무런 반응도 불러일으키지 못했고, 여전히 지리학이나 인류학 잡지의 어느 구석에 밀려나 있다. 그리고 소수의 지역 연구와 산발적 기록을 제외하고는 사실상 그 방면의 문헌은 전혀 없다. 그러다가 최근에 와서야 여행술이 일종의 산업으로 변환된 후부터 "그림엽서의 도시"와 "동화의 나라"에 있는 "인기 있는" 건축물의 매력이 고려할 만하다는 것이 입증되었다. 그러나 우리의 자세는 여전히 너무나 겸손하다.

여기에 소개되는 사진들은 회화적 요소가 풍부함을 의심할 여지는 없다. 그러나 재차 강조하지만 이번 전시는 진기한 것을 추구했거나 여행안내를 위한 시도가 아니라, 다만 우리들이 가진 건축학적 편견을 탐구하는 출발점으로 삼고자 했다. 비록 암시적인 성격을 지녔다고는 해도 이번 전시물이 소위 후진국 건축물의 정밀성과 산업화한 나라들의 건축적인 문제를 뚜렷이 대조시켜, 논쟁의 소지를 남긴 것은 확실하다. 기존 건축사에서는 건축가 개개인의 작품에 역점을 두었다. 그러나 여기서는 공동체적 계획을 강조하고 있다. 피에트로 벨루스키(Pietro Belluschi)는 공동체적 건축을 "소수의 지식인이나 전문가가 일으킨 것이 아니라, 공통된 체험을 바탕으로 공통된 문화유산을 가진 모든 구성원의 자연발생적이고 계속적인 활동에 의해서 생산된 공동체적 예술"이라고 정의했다. 이런 예술은 미개한 문명에는 존재할 수 없다고 주장할 수 있을지도 모른다. 그러나 그렇다 하더라도, 이러한 건축에서 도출되는 교훈이 우리에게 완전히 무의미하다고만은 할 수 없다.

전문가의 예술이 되기 이전의 건축에서도 배울 점이 많다. 역사의 시간과 공간 속에 남아 있는 교육받지 않은 건축가들-이 전시회의 주역들-은 그들이 만든 건축물을 자연환경에 조화시키는데 경외할만한 재능을 보여준다. 그들은 현대의 건축가들과는 달리, 자연을 "정복"하려 하지 않고 기후의 변덕과 지형의 도전을 기꺼이 받아들이고 있다. 우리들은 평탄하고 특색없는 땅(지형에 어떤 결함이 있으면 불도저로 쉽게 밀어버린다)을 가장 좋아하는 반면, 보다 정교한 사람들은 험준한 땅에 매료된다. 실제로 그들은 주저 없이 가장 복잡한 지형을 찾아낸다. 그 중에서 가장 과감한 자들은 독수리의 둥

지와 같이 높은 절벽 끝에 집터를 잡았던 사실이 밝혀졌고, 이 중 잘 알려진 예가 아토스(Athos)산에 있는 승려들의 왕국으로 험준한 성채인 마추픽추(Machu Picchu)와 몬테알반(Monte Alban)이다.

접근하기 힘든 자리에 건물을 세우는 성향을 추적해 보면, 안전을 갈망하는 인간의 욕망이 연결될 것이 틀림없다. 그러나 그보다 공동체의 경계를 분명히 해야 할 필요성이 더 크게 작용했을지도 모르다. 과거 세계의 많은 도시들은 방어적 가치는 없어진지 오래인 해자(垓字)[3], 물구덩이, 늪, 제방, 성벽에 의해 아직도 튼튼히 에워싸여 있다. 비록 오늘날에 와서는 성벽이 침략자들에게 장벽이 되지는 않지만, 바람직하지 않은 도시 확산을 억제하는 데는 도움을 주고 있다. 도시성(urbanity)이라는 말 자체는 성벽과 연결되어 있고 라틴어 'Urbs' 도 성벽으로 에워싸인 도시를 뜻한다. 따라서 예술작품이 되기를 지향하는 도시는 한 폭의 그림, 한 권의 책, 한 곡의 음악처럼 분명한 한계가 있어야 한다. 우리는 도시의 생성단계에 있었던 이러한 사연들을 잘 모른 채, 건축물의 확산에 기력을 소진하고 있다. 우리의 도시들은 공허한 모습으로 아무런 제약 없이 성장하고 있으며, 어떤 치료법으로도 손댈 수 없는 건축적 습진으로 변하고 있다. 우리는 과거 문명에서 살고 있는 인간들의 의무와 특권은 무시한 채 혼돈과 추악한 환경을 정해진 운명인 듯 묵묵히 받아들이며, 특별히 누구를 표적하지 않는 무력한 항의를 하면서 우리 생활을 잠식해오는 건축물들이 던지는 일체의 불길한 징조를 무력화시키고 있다.

우리들이 직면하고 있는 문제의 일부는 생활에 대한 특별한 통찰력을 건축가들-혹은 전문가들-에게 의존하려는 경향 때문에 발생한다. 그런데 사실 이들의 대다수는 자신들의 사업과 명성에만 정신을 쏟고 있다. 게다가 이 나라[4]에서는 생활예술을 가르치지도 않고 권장하지도 않는다. 사람들은 생활예술을 일종의 방탕으로 간주하고 있을뿐, 생활예술주의가 검소하고 청결한 것이며 신의 창조까지는 아니어도 창조를 보편적으로 중시한다는 사실을 거의 알지 못한다.

이러한 상황에 이르게 한 적잖은 책임은 역사가의 근면성에 원인이 있다. 그들은 언제나 건축가들과 그들의 부유한 후견인들의 역할을 강조하여 무명의 건축가들-상상력이 때로는 유토피아를 능가하고 미적 감각이 최고의 경지에 달했던-의 재능과 업적을 흐려놓았던 것이다. 이들 건축물의 아름다움은 오랫동안 우연의 산물로 과소평가되어 왔으나, 오늘날 우리는 그들을 실제적인 문제를 다루면서 생겨난 진기하고 훌륭한 감각의 소산으로 인정하지 않을 수 없다. 때로는 수백 세대를 거쳐 고스란히 전해 내려온 주택의 형태들(사진

146 참조)은 그것을 지은 연장이 그랬던 것과 마찬가지로 영원히 유효한 것 같다.

무엇보다도 우리들 내부에 감추어진 감동을 일깨워야 할 것은 이들 건축이 내포하고 있는 '**인간애**(*humaneness*)' 이다. 가령, 우리에게는 거리를 사막이 아닌 오아시스로 만들겠다는 생각이 전혀 들지 않는다. 도로의 기능이 아직까지는 고속도로와 주차장으로 악화되어 있지 않은 국가에서는 인간에게 적합한 거리를 만드는데 여러 가지 수법이 동원된다. 예컨대, 파골라(Pergole)와 차양(즉 도로를 뒤덮는 차양), 텐트와 같은 구조물이나 영구적인 지붕이 그것이다. 이들은 모두 동양의 특색이며, 동양적 유산을 가진 국가들, 가령 스페인에서 흔히 볼 수 있다. 가장 세련된 도로 덮개는 시민들의 단결-또는 박애-을 상징하는 아케이드(arcade)이다. 우리가 사는 지역에서는 알려지지도 않았고 그 가치를 인정받지도 못하고 있지만, 이 유별나게 호감가는 건축물의 기능은 단순히 비바람을 피하는 장소를 제공하거나 보행자들을 교통의 위험에서 보호하는 것 이상의 역할을 하고 있다. 거리의 풍경에 통일감을 주는 것 이외에도 아케이드는 때때로 고대의 토론장(forum)역할을 한다. 이는 유럽, 북아프리카, 아시아 전역에서 흔히 볼 수 있는 광경인데, 그곳에서는 아케이드도 '공식적인' 건축에 편입되기 때문이다. 일례로, 볼로냐(Bologna)의 거리는 약 20마일이 아케이드(Portici)로 연결되어 있다.

공동체적인 토착건축 유형 중 또 다른 이질적인 형태가 식량 저장고이다. 식량을 산업적인 생산품이라기 보다는 신의 선물로 경외하는 사회에서는 곡물창고 건축은 신성한 의미를 갖는다. 그 상태가 극에 달하여 처음 보는 이에게 곡물창고는 종교적 건물들로 연상된다. 비록 규모는 작지만 저장고는 이베리아 반도, 수단, 일본을 막론하고 기념비성을 갖게 되었다. 그것들의 탁월한 형식상의 순수성과 진의를 알고 난 다음에 우리는 그것들을 신성시하기에 이르렀다.

토속성이 강한 건축-중부유럽, 지중해, 남부 및 동아시아의 정교한 비주류 건축-과 본래의 원시건축에 더해 이번 전시에는 파내거나 새긴 건축물들, 예를 들어 자연암을 잘라 그 속을 파낸 혈거주거 같은 것들을 하나의 범주로 포함시켰다. 건축 생성의 기본 형태는 때로는 거대한 규모가 되기도 하는 방풍막(wind screens)으로 대표된다. 실제로 일본에서는 바람막이가 집 한 채, 작은 마을, 또는 촌락 전체를 에워싸는 경우도 있다. 유목민들의 주거로는 이동식 주거, 수레 위의 집, 썰매 위의 집, 선상주거, 텐트 등을 볼 수 있다. 산업 건축의 원형으로는 물레방앗간, 수직 · 수평 풍차, 중요한 비료생산 공장인 비둘기 집을 포함시켰다. “장치는 사랑하나, 그 아이디어는 멸시하는” 경향이 짙은 우리에게는 이러한 건축의 미학적

5

골격구조, 모듈화된 건축부재들, 개방된 평면, 미닫이 문 등은 지난 수세기 동안 일본의 전통적 건물의 주요 구성요소였다. 상세의 출처는 18세기 책 삽화.

측면보다는 기능적 측면이 더욱 마음에 들지도 모른다.

대담하고 "원시적인" 무수한 수법들을 자세히 살펴보면, 그들은 우리가 직면하게 될 성가신 기술문명을 예상했다는 사실을 깨닫게 된다. 최근에 발명된 건축상의 특징들은 토속 건축에서는 낡은 것에 불과하다. 예컨대 조립식 건축재의 규격화, 이동식 가변 구조물, 그리고 이들 보다 특수한 것들로 온돌, 에어컨, 조명, 심지어 엘리베이터 등이 모두 그러한 것들이다. 또한 우리가 살고 있는 주택의 쾌적함과 알려져 있지 않은 주택의 안락함을 비교할 수도 있다. 예를 들어, 어떤 아프리카 원주민의 건축물은 신분이 높은 한 남자가 여섯 아내를 거느릴 수 있도록 여섯 개의 분리된 공간을 갖춘 것을 보여준다. 혹은 우리는 현대 건축가들이 미래에 닥칠 전쟁의 위험으로부터 우리를 보호할 수 있으리라는 낙관적인 가정 하에 지하도시를 구상한 것보다 훨씬 오래전에 지하도시가 존재했고 아직도 존재하고 있으며, 그것도 어느 한 대륙에서만이 아니라 여러 대륙에 분포해 있다는 사실을 알게 될 것이다.

6

출처는 일본지리풍속Nihon Chiri fuzuoku, 1936.

인쇄상태가 형편없는 책에서 복사한 것으로 오끼나와Okinawa에 있는 고대 공동묘지의 낡은 사진이다. 이것은 최신 사진술로 찍은 훌륭한 사진과 비교할 수 없는 일종의 전형적인 실례다. 일반적으로 이와 같은 건축물은 부패되고 파손되었으며 복구라는 명목으로 많은 손상을 입었다. 그리고 완전히 소멸되기도 했다. 설사 아직 그대로 보존되어 있다하더라도, 과거에 기록으로 풍부하게 담겨 예술사에 확고한 지위를 여태껏 굳히지 못한 건축 작품을 방문하는 비용을 부담하고자 할 기관이나 "마에케나스Maecenas"[5]가 있을 것 같지는 않다. 이 사진은 기술적인 결함에도 불구하고 주택이나 거리 같은 산문적 요소가 완전히 배제된 가히 세련되었다고도 할 만큼 독특한 건축적 경관을 보여주고 있는데, 바로 이점이 이 사진의 묘미다.

삽화에 관한 기록

전시에 필요한 사진 자료를 마련해야 하는 이와 같은 연구 프로젝트에는 필연적으로 예상치 못한 난관이 생기기 마련이다. 유럽 고고학연구소의 문서보관소를 제외하고는 관련 자료원이 없다. 그 중 많은 사진은 우연히 얻은 것들이거나 또는 단순한 호기심에서 얻은 것들이다. 사진들은 본 과제에 적합하였고, 40여 년 동안 지속적으로 보존되어 왔다. 치밀한 여행과, 토속건축을 연구할 대상국가에 장기간 체류하면서 얻은 자료가 전시회의 주류를 이루었다.

사진자료 가운데 일부는 전문적인 수준에 미치지 못한다. 대다수의 자료가 의욕적인 아마추어 작품이거나 무명의 발간물 지면들에서 골라 낸 것들이다(사진 6 참조). 게다가 오늘날과 같이 여행자의 이동을 제한하는 상황에서는 1929년 미국 빙하학자가 찍은 코카서스(Caucasus)의 마을 사진과 같은 희귀한 자료를 얻거나, 1930년대 초에 독일 파일럿이 입수한 중국의 지하공동체의 항공사진을 복사한다는 것은 거의 불가능하다. 이 두 사람은 그들의 수작업이 오늘날에 와서 엄청난 평가를 받게 되자 놀람을 금치 못했다.

Bernard Rudofsky

7

무유우라이(Muyu-uray) 원형극장

일종의 기념비적인 작가 미상의 건축이지만 학자나 아마추어에게 알려지지 않은 작품이 바로 아메리카 대륙에 있다. 페루 쿠즈코Cuzco(잉카의 수도, A.D. 1200~1533)와 마추픽추Machu Picchu 6)의 중간 지점에 있는 이곳은 고대 야외

극장의 중심지였고, 세계 어디를 가더라도 그에 견줄만한 건축을 발견하지는 못한다. 마라스Maras의 잉카족이 세운 이 건축물은 4개의 도형극장과 마제형 극장이 하나로 구성되어 있다. 짐작하겠지만 다섯 개 극장의 음향 효과는 가히 극치였다.

이 극장의 등고선은 자연적인 힘에 침식되어 유적이 농지나 목장으로 변했다. 그러나 그 기본구조만은 지금껏 비교적 잘 보존되어 있다. 운석이 떨어진 거대한 구덩이에 만들어 진 것으로 짐작되는 최대 규모의 야외극장은 수용능력이 최고 6만 명에 이르며, 높이 6피트, 너비 23피트로 12층의 계단식 좌석이 아직도 남아있다. 네 극장의 가장 아래층에 있는 원형무대는 고대 그리스 원형극장의 오케스트라석에 대응되는 장소로 직경이 84~134피트로 다양하다. 1피트 너비의 수도관을 돌로 파서 만들었다. 이 석조수로는 인근 산꼭대기에서 샘물을 끌어온다(사진 7, 8). 어떤 종류의 스펙터클한 공연이 벌어졌는지는 알려지지 않았지만, 본격적인 연극보다는 복싱, 높이뛰기, 경주, 짐승잡기 등의 운동경기가 더 많이 벌어지지 않았을까 추측된다. 페루 고고학자들은 “표현할 수 없을 정도의 아름다운” 경관(표고 해발 12,000피트)이 이처럼 장대한 작품이 나오도록 영감을 불러일으켰을 것이라 생각한다.

8

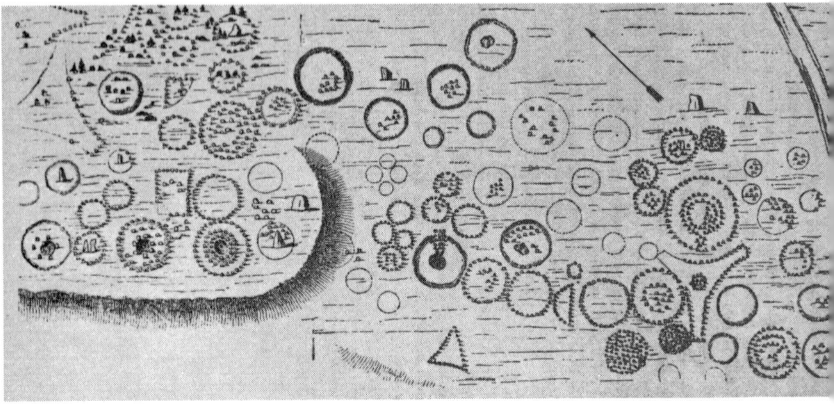

9

죽은 자를 위한 집(Houses for the dead)

위대한 건축가들은 조각과 건축을 따로 구분하지 않는다. 그들에게 조각은 건축을 결정한 후 추가적으로 "의뢰받는" 것도 아니고 예산상의 수당도 아니다. 이를테면 조경도 마찬가지다. 건축과 조각과 조경, 이 셋은 불가분의 관계이다.

석판으로 형성된 기하학적 도형은 스웨덴 브라발라Bravalla의 전장을 묘사하고 있다. 우리 모두가 아는 것처럼, 그 전투는 실제가 아니라 환상일 수도 있다. 하지만 여기서 우리는 역사를 따지자는 것이 아니기 때문에, 이 전쟁기념물의 멋진 설계를 자유롭게 찬양하는 것이다. 게티스버그Gettysburg 7)의 전장에 세워진 400개의 청동과 대리석 기념비의 설계보다 더 정교하다는 말은 의심의 여지가 없다.

브르타뉴Brittany 8) 카르나크Carnac 9) 부근 모르비앙Morbihan 공동체에 있는 "석주배열"의 일부 모습(사진 10). 근방에는 고분, 고인돌, 2,500개의 선돌 등 선사시대 석조기념물들이 엄청나게 많다.

10

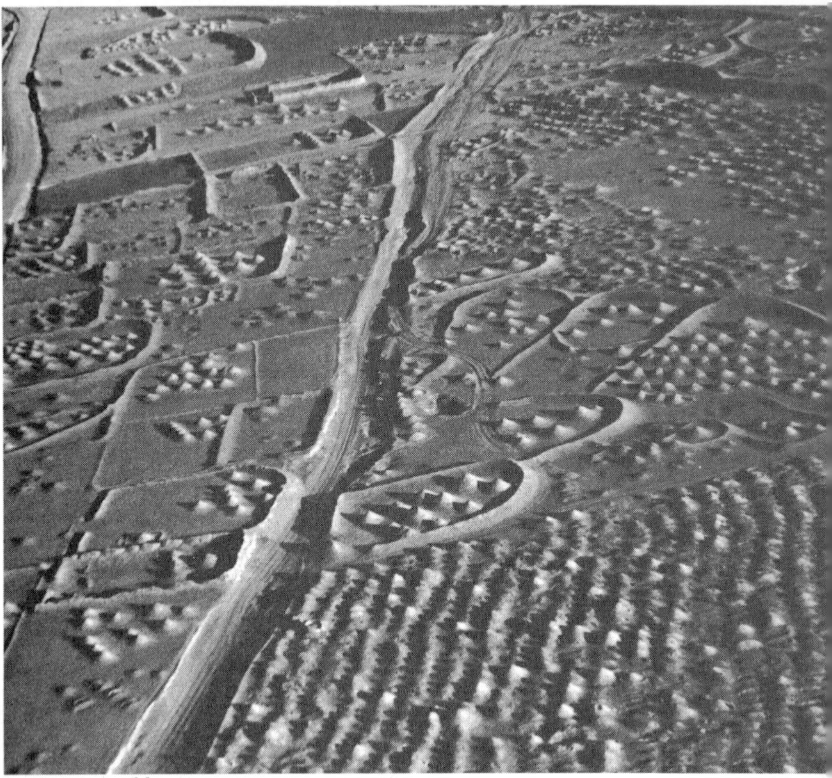

11

중국 관수지방 난주 부근에 있는 공동묘지를 공중에서 찍은 것(사진 11). 이 사진을 보고 있으면 이사무 노구찌Isamu Noguchi의 모델이 된 "계단식 놀이터 contoured playground"가 떠오른다. 우리는 여기서, 지표면을 어떻게 개선하는 것이 좋을지에 대한 해답을 건축가적 아이디어라기보다는 조각가적 아이디어에서 찾는다. 다른 문명권에서와 마찬가지로(다음 페이지 참조) 죽은 자를 위한 집은 산 자의 그것보다 훨씬 견고하게 건설되었다.

오르데크의 공동묘지(Ordek necropolis) [10]

조각공모전의 수상 작품 같은 모습의 이 특이한 건축물은 알고 보면 실로 위대한 고대의 유적이다. 폐허에 지나지 않는 이 야생포플러나무 기둥 숲은 그럼에도 불구하고 강렬한 인상의 구도를 형성한다(사진 12). 그 독창적인 디자인은 바람에 실려온 모래의 침식작용으로 매우 순화되었다. 수많은 죽은 자의 관과 금은보화가 매장되어 있는 것으로 전해지는 이 언덕은 신강Sinkiang [11]에서 약 30년 전 [12] 오르데크Ordek에 의해 발견되었다. 오르데크는 스벤헤딘 Sven Hedin [13]의 터키계 하인이며, 언덕의 한쪽에서 다소 개인적으로 발굴하는 것을 좋아했다.

12

13

판탈리카의 혈거 [14]도시(The troglodytic town of Pantalica)

토속건축의 특징은 내구성과 다양성이다. 사진에 보이는 구멍은 자연 그대로의 실들로 통하는 출입구들이다(사진 13). 이곳은 약 3000년 전 시실리Sicily에 거주했던 시쿨리*Siculi*족이 아나포**Anapo** 계곡의 깎아지른듯한 절벽을 파고 들어가 살았던 곳이다. 원래 이곳은 인접해있던 선사시대 도시민들의 무덤으로 사용되었으나, 중세에 와서 주거지로 전환되었다. 혈거주택들은 보통 내부통로로 연결된 고층아파트를 형성한다. 유사한 시설들이 시실리 섬 전역에 흩어져 있다. 가령, 시큘리아노**Siculiano**, 칼타벨로타**Caltabelotta**, 라파달레**Raffadale** 부근, 거기서도 브론데**Bronte**와 말레토**Maletto** 지역의 에트나 산 서쪽, 거기서도 시라쿠사**Siracusa**와 성크로체 케이프**Cape S. Croce** 중간지점, 무엇보다도 모디카**Modica** 근방의 이스피카**Ispica** 계곡에 많이 분포한다.

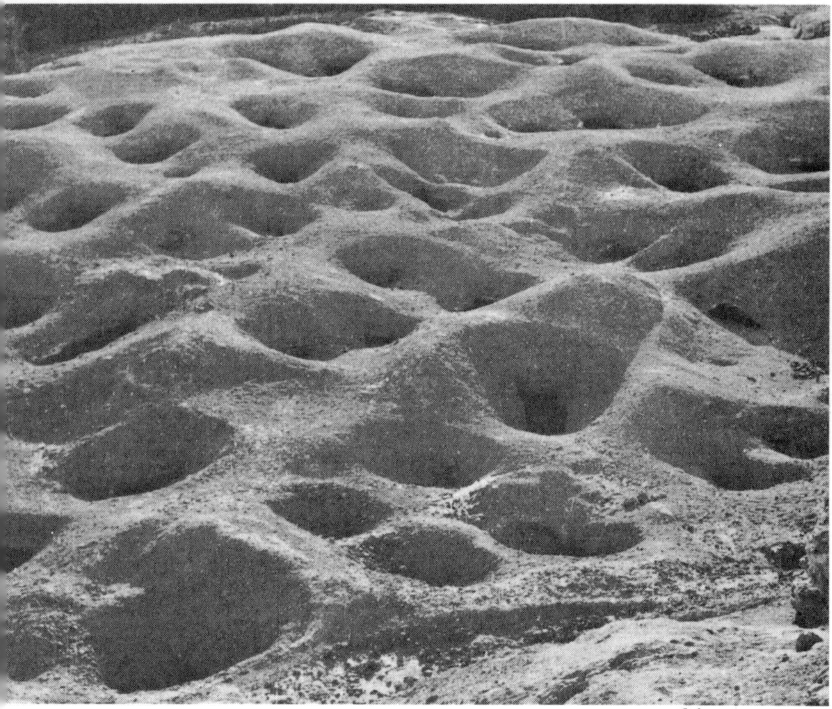

14

혈거생활(Troglodytism)

혈거생활이 반드시 저급한 문화수준을 의미하지는 않는다. 혈거족 남성이 배우자인 여자의 머리칼을 틀어쥐고 끌고 가는 그림은 만화가의 진부한 문구이며, 지하에 살기를 좋아하는 사람들의 진솔한 모습을 그려냈다기보다는 먼 옛날에 대한 향수를 드러내고 있을 뿐이다. 이외에도 혈거생활의 어메니티[15]는 전통적인 주거의 어메니티 만큼이나 다양하다.

이집트 시와Siwa의 오아시스에 있는 불규칙한 구멍들은 주거지로 전환된 무덤의 입구이다(사진 14). 이들에 비하면 다음(사진 15) 페이지에 있는 동굴주거는 매우 세련된 건축물이다.

15 중국북부 라오닝[16] 근처에 있는 지하마을의 일부 사진이다. 평지붕같이 생긴 부분이 나무 몇 그루밖에 없는 땅이라는 것을 알아차리기 위해 대강 훑어보는 데 걸리는 시간은 잠깐이다. 방마다 흙으로 새겨진 아치형 천장이 있는데 반해 지붕은 자유롭게 생겨났다.

아래는 주택, 위층은 경작지(Dwellings below, fields upstairs)

경작지에서 주거문제를 해결하는 가장 혁신적인 방식의 일례가 중국 황토지대 loess belt에 있는 지하도시와 마을들에서 발견된다. 황토는 바람에 실려와 쌓인 침적토이다. 침적토[17]는 부드럽고 다공질(45%)로 되어 쉽게 파낼 수 있다. 장소에 따라서는 도로가 바퀴자국을 따라 원래의 지면에서 40피트나 잘려들어 갔다. 호난Honnan, 산시Shansi, 셴시Shensi, 관수Kansu에서는 약 천만 명이 황토를 파낸 지하주택에 살고 있다.

호남성 '퉁관' 가까이에 심원하다고는 할 수 없지만 가장 극명한 설계로 된 부락을 이 사진에서 볼 수 있다. 평면적인 풍경 속에 보이는 검은 사각형들은 넓이가 약 1/8에이커로 테니스 코트와 맞먹는다. 검은 입방체의 수직면의 높이는 25~30피트이고, L자형 계단이 지하에 있는 아파트로 통하고 있다. 방은 길이 약 30피트, 너비 15피트, 그리고 아치형 천정 꼭대기까지 대략 15피트에 이른다. 안뜰 쪽으로 열려진 개구부를 통해 채광과 통풍이 된다. 조지 크

16

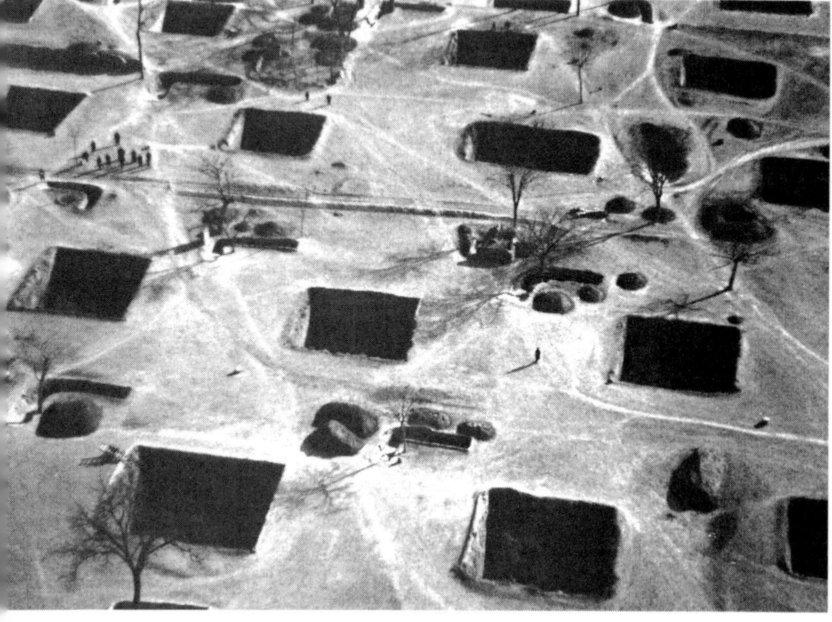

17

레시George B. Cressey의 저서 "**5억의 땅 : 중국의 지리** *Land of the 500 million : A Geography of China*"에 흥미로운 기록이 있다. "시야에 집이라고는 한 채도 보이지 않는데, 들판에서 연기가 뭉게뭉게 피어오르는 것을 볼 수 있다. 그런 땅은 이중의 역할을 한다. 아래층은 주택이요, 위층은 경작지이다." 주택은 깨끗하고 해충이 없으며 겨울에 따뜻하고 여름에 시원하다. 주택뿐만 아니라 공장, 학교, 호텔과 정부기관이 모조리 지하에 건설되어 있다.

18

19

건축가로서의 자연(Nature as architect)

우리는 종유굴에서 성당을 연상하고 혹은 침식된 암석에서 성을 찾으려 한다. 이러한 것은 예외적인 상상력의 산물도 아니고 예술적인 통찰력을 나타내는 것도 아니다. 마드리드 동쪽에서 120마일 되는 곳에 있는 마법의 도시, 시우다드 앤칸타다Ciudad Encantada는 500에이커를 덮는 백악층이다. 대담한 캔틸레버 양식의 상상을 넘어선 절묘한 형태는 인간의 눈을 의심케 한다. 또한 이 광경은 칭송받는 건축물과의 별난 비교도 필요 없게 만든다(사진 19, 20).

20

21

열대 아프리카의 바오밥 나무(학명 *Adansonia digitata*)는 때로 직경이 30피트에 이른다. 그 결이 부드럽기 때문에 살아있는 나무의 속을 파내어 주거지로 이용한다.

공제 건축(Architecture by subtraction)

인간은 가끔 지상에 있는 자연암을 파내어 완전한 도시를 만들곤 했다. 레보 장 지방Les Baux-en-Provence의 성벽, 성과 주택들은 그것이 위치하고 있는 석회산을 대대적으로 잘라내어 만들어졌다. 중세에는 중요한 곳이었으나, 그 후 오랫동안 방치되어 있어 주민이 250명으로 줄어들었다. 아래 사진(사진 22)은 자유롭게 위치한 주택의 옛터이다.

다음(사진 24)은 자연이 조각한 괴레메Göreme 원추봉의 하나를 확대시킨 것이다. 작은 것은 텐트 크기에서부터 큰 것은 16층의 소규모 고층건물에 이른다. 왼쪽(사진 23)에 A.D. 5세기 스틸리테의 시메온Simeon이 살았던 아파트의 평면도를 실었다. 가장 아래층에는 작은 예배당, 그 위층은 작은 돌로 만든 벽난로와 가구를 갖춘 생활공간이 있었다.

22

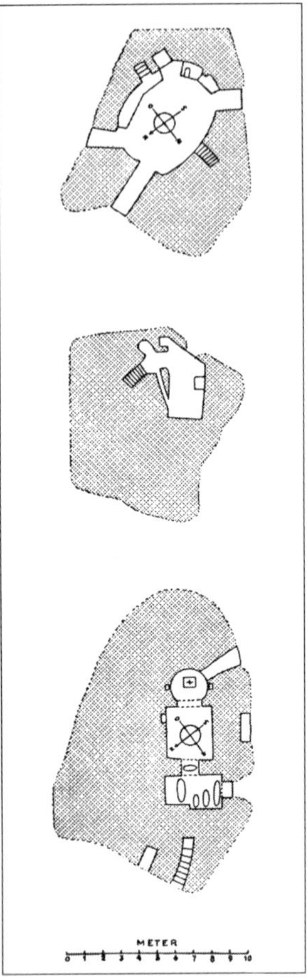

23

24

공제 건축, 계속(Architecture by subtraction, Continued)

세 대륙에서 골라놓은 이 교회들은 엄격한 의미로는 '건물'이 아니다. 역시 이들은 모두 바위를 파내어 만든 것이다. 아래(사진 25)에 있는 교회는 9세기의 작품으로 프랑스 지롱드 지방에 있는 성 에밀리용Saint-Emilion의 단일거석 교회. 40쪽(사진 26)에 있는 교회의 전면은 거의 같은 시기의 것으로 아나톨리아 괴레메Göreme에 있는 것이다. 41쪽(사진 27)는 아비시니아Abyssinia의 랄리벨라Lalibela에 있는 성 조지 교회이고, 조각물과 같이 바위를 절단하고 파낸 것이다.

25

26

28

세미라미스Semiramis의 가공정원Hanging 이후 최신식 댐 축조사업에 이르기까지 지표를 조형하는데 있어 농업은 끊임없이 건축과 경쟁을 해왔다. 아마도 정수나 흙이 씻겨 내려가지 않도록 하기 위한 목적에서 최초로 둑을 쌓았을 때 인간은 휴먼스케일에 따라 공간을 창출했던 것이다. 돌을 쌓아 올리는 방법은 바위를 파내는 방법에 비하면 엄청나게 발달된 수법이다. 위 사진(사진 28)은 중국 호남성의 황토대에 있는 계단식 경지. 아래(사진 29)는 카나리 군도Canary Islands 포도밭에서 볼 수 있는 방어벽.

29

계단식으로 정리된 중국의 어느 산정山頂(사진 30)

30

31

대지 선정(The Choice of site)

지구상의 어느 곳이라도 자신이 원하는 주거지를 선택할 수 있다는 것에서 인간의 행동의 자유가 여실히 표현된다. 대체로 미숙한 판단력의 소유자는 쓰임새와 사용가치만 따지는 반면 식견 있는 사람은 미관을 곁들인다. 물자가 부족한 고장이거나 위험이 있다고 해서 인간이 주거지 선택을 포기하지는 않는다. 절경이 가져다주는 짜릿한 희열을 찾아 인간은 주저하지 않고 모험을 한다.

그리스의 작은 군도인 테라Thera의 수도 피라Phira는 창작극장에 마련된 일종의 관람석이다. 고대의 분화구 언저리에 자리잡은 작은 항구, 거기에서 660피트를 올라간 산꼭대기에 피라가 있다. 그리고 윗마을과 아랫마을의 원초적인 의미를 이보다 더 적절하게 대변하는 부락도 없었을 것이다. 지진이 주기적으로 덮쳐 파괴를 일삼지만 인간은 이 섬을 버린 적이 없다.

요새건축(Architectural eyries)

그들이 선택한 직업의 일들이 지루하게 소개되기에 앞서, 건축학도들은 때때로 이 사진에서 보는 것과 같은 대지와 씨름하는 과제를 부여 받는다. 비록 설계도면 위에서 만이라 할지라도, 자연이 가장 숭고한 때에 함께 작업하는 데서 오는 기쁨을 맛보는 것은 생애에 오로지 단 한번의 경험이 될 것이다.

33

34

반대편 페이지 사진은 그리스 북부 트리칼라Trikkala 부근의 메테오라Meteora 일단의 은둔 요새 중 하나이다(사진 33). 이곳에는 지난 800년 동안 사람이 살았다. 이 요새에 들어가려면 과거에는 광주리에 실려 올라갔다. 이른바 엘리베이터의 원형이라고 할 수 있다. 위쪽(사진 34)은 페농드알후세마스Poñón de Alhucemas, 세우타Ceuta의 모로코 동남해안을 경비하는 세 개의 작은 섬 가운데 하나이다. 선회포탑과 포대가 배치되어 부동의 전함이라 할 만하다.

아래(사진 35): 지중해에 면한 스페인령 카스텔론Castellón에는 비슷한 형태의 페니스콜라Peñiscola가 있다. 좁은 모래제방이 이 섬과 본토를 아슬아슬하게 잇고 있다.

35

36

이탈리아의 산악도시(Italian hill towns)

이처럼 시대에 뒤떨어진 도시에 현대인이 살 수 있다는 것은 생각만 해도 우스꽝스럽다. 그러나 이 도시는 점차 도시인의 피난처로 변화되고 있다. 아직은 자동차 부속물로 전락하지 않은 사람들이 이 고장에서 젊음의 원천을 발견하게 될 것이다.

포시타노Positano는 몇 년 사이에 일개 어촌에서 호화판 휴양지로 탈바꿈했다(사진 37). 사실 이 고장은 약 500년 전에는 중요한 항구였다. 또한 이곳은 지방 고유의 건물을 고스란히 보존하고 있다. 안티콜리 코라도Anticoli Corrado는 로마 근방에 있는 사비네Sabine 산맥에 있다(사진 36).

37

38

모방한 산악도시(Model hill town)

스페인 알메리아Almeria 주 모하카르Mojacar는 산악도시의 장관으로 유명하다. 그러나 1960년대 초에 관광객이 몰려들기 시작하면서 사진에 보이는 집들은 헐렸고, 현재도 헐리고 있다. 거기에 주차장, 호텔, 아파트 그리고 토속건축을 어설프게 모방한 별장들이 들어서고 있다.

아래(사진 39)는 모하카르의 파노라마로, 오른쪽 상단에 지중해가 보인다. 반대편은 모하카르 도시의 클로즈업(사진 38).

39

도곤 [18]의 절벽거주민(Cliff dwellers of the Dogon)

수단의 여러 부족 중에서도 가장 잘 알려진 부족이 도곤 족이다. 이들은 건축물 보다는 미술품으로 유명하다. 인구 약 25만 명으로 톰부크투Tombouctou 남쪽 반디아가라Bandiagara 고원을 따라 거주하고 있다. 높은 절벽에서 떨어진 바위에 주택들이 줄지어 세워진 것이 보인다. 언뜻 보면 쓰레기더미 같지만(사진 40), 자세히 관찰하면 평지붕과 초가가 뒤섞여 있다(사진 41).

40

41

큰 건물이나 자동차, 심지어 도로조차 없기 때문에 우리 눈에는 미개적인 인상을 주기 쉽지만 이 부족을 광범위하게 조사한 결과, 고도로 숙련된 문화를 발견했다. 도곤의 건축은 공동체적 조직을 표현하고 있다. 종교에서 영감을 받아 만든 조각은 아프리카 예술의 정상에 있다. 전형적인 테마는 나무 등걸을 다듬어 만든 인간의 모습이다. 이 조각품은 건축에서 빠뜨릴 수 없는 부분이 되었다(사진 156 참조).

수상건축(Aquatic architecture)

강이거나 호수거나 바다이거나 간에 인간의 주거지를 선택하는 과정에서 비중 있게 고려되는 대상은 물이다. 동양에서는 수백만의 사람들이 정도의 차이는 있겠지만 물새들처럼 영구적으로 수상생활을 한다. 아래에 보이는 것(사진 42)은 중국 상하이 황포강과 소주천의 합류점 근방에 있는 선상주거들의 예이다. 유리한 위치임이 명백하다. 수로는 비용을 많이 들여 수리할 필요도 없고, 하수구가 막힐 염려도 없으며, 24시간 중 언제라도 목욕이 가능하다. 게다가 넓은 수면은 더운 여름철에 냉방시설 기능도 한다.

42

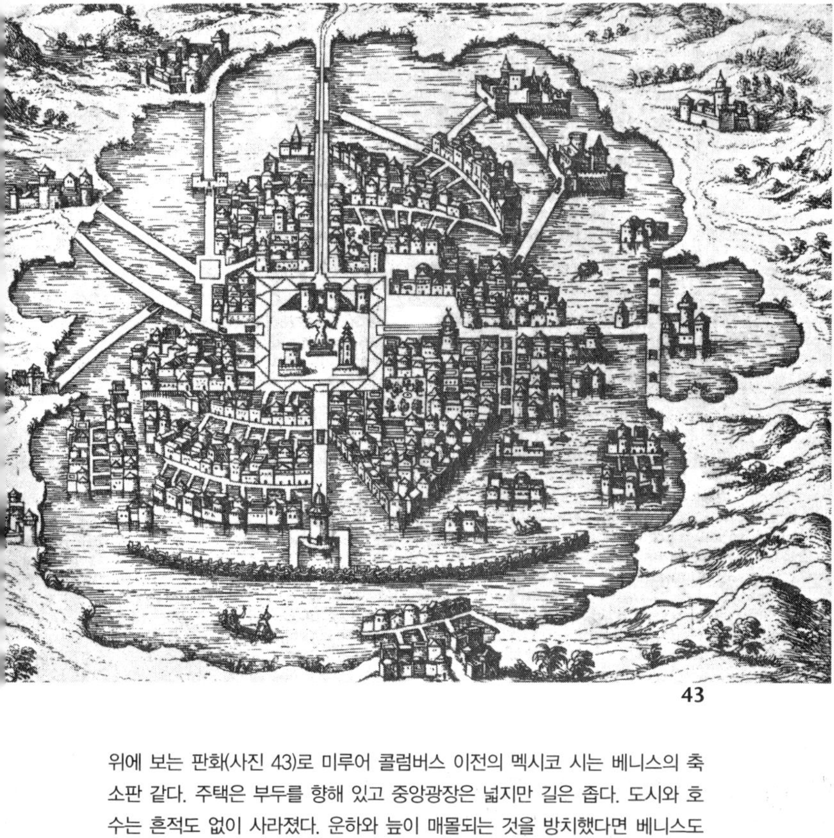

43

위에 보는 판화(사진 43)로 미루어 콜럼버스 이전의 멕시코 시는 베니스의 축소판 같다. 주택은 부두를 향해 있고 중앙광장은 넓지만 길은 좁다. 도시와 호수는 흔적도 없이 사라졌다. 운하와 늪이 매몰되는 것을 방치했다면 베니스도 같은 운명에 처했을 것이다. 반면 베니스 시민들은 그 도시의 자연방벽을 끈질기게 보존하여 지난 1,000년 동안 외세의 침략을 방지했다.

유목민 건축(Nomadic architecture)

텐트와 장막들 "수천년 동안 서부 아시아 왕들의 자랑이었던 값비싸고 거대한 조립, 비록 영구적인 것은 아닐지라도 비상한 아름다움을 자랑하는 장려한 구조물"을 예술사가들은 한 번도 진지하게 건축으로 다루지 않았다고 역사가 아더우팜팝Arthur Upham Pope은 개탄하고 있다. 아래 그림(그림 45)은 중국의 회화. 장막이 검소하면서도 위풍을 나타낼 수 있다는 사실은 시사점을 남긴다. 직각으로 세워진 기하학적 비단휘장은 건조한 야영지에 위엄을 주고 있다.

위 사진(사진 44)과 다음 페이지 하단 사진(사진 47)은 서북부 아프리카 아틀라스 산맥 중부에 아즈딜 고원Ajdir Plateau에 몰려든 휴일 집단 야영지. 텐트는 검은 염소 털로 만들었다.

45

44

텐트 구조의 다이어그램(아래 그림 46)은 샤펠I. Chapelle의 저서 **"사하라의 흑인 유목민들** *Nomades noirs du Sahara*" 에서 옮겼다.

46

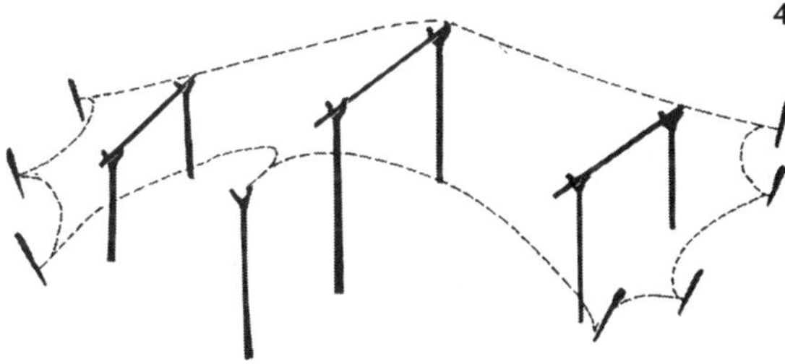

47

48

원시건축유형(Primeval forms)

이것은 자연이 원추형 주택을 모방한 예도 아니고, 인간이 원추형 바위를 흉내 낸 예도 아니다. 괴레메의 아나톨리아 계곡에 형성된 화산암은 바람과 물에 침식되었다. 이렇게 다듬어진 외형이 주택을 표현하든 말든 상관없다. 수많은 틈새, 구멍 그리고 동굴이 부드러운 바위에 나 있고 자연 그대로의 빈 동굴을 확대하고 매끈하게 다듬어서 사람이 살 수 있는 공간을 만들었다. 이 지역은 은둔생활을 원하는 사람들에게 매력적이었다. 또한 A.D. 7세기에는 최고 3만 명의 남녀 은둔자들이 거대한 수도원의 공동체를 형성하여 살았다. 수천 개의 방과 예배실로 들어가려면 줄사다리를 사용해야만 했는데, 지금도 줄사다리를 사용하는 경우가 적지 않다.

트룰리trulli(아래 사진 49)라 불리는 농가가 남부 아풀리아Apulia의 편도와 올리브 밭에 자리 잡고 있다. 이 주택은 돌을 환상층으로 쌓아올려 원추형의 둥근 지붕을 이루고 꼭대기에 쐐기돌을 박았다. 초기 거석문명의 다채로운 주거 형태. 이 형태는 발레아릭Balearic의 탈리요트talyot, 사르디니아Sardinia의 누라기nuraghi, 판텔레리아Pantelleria의 세시Sesi와 관련이 있다. 약 12개국이 이 땅을 지나갔음에도 불구하고 B.C. 2세기 이래로 지금까지 주택 형태는 거의 변하지 않고 남아있다.

49

이것(사진 50)은 아나톨리아 괴레메에 있는 요새의 극치를 보여주는데, 자연의 힘으로 형성되어 위협적인 외관을 뽐내고 있다. 하지만 알고 보면 이것은 비둘기 집이다. 요새 전체가 눈처럼 하얗고, 계단(사진의 왼쪽 끝)은 눈 위에 난 발자국처럼 보인다. 또한 사람이 만든 비둘기 집의 출입구는 붉은 오렌지 빛깔로 칠해져 있다.

51

건축적 모방(Architectural mimicry)

인간의 수공이 자연적인 배경에 녹아서 풍토적이고 유기적인 형태의 조합을 이루어 낸 건축의 두 가지 실례가 있다. 위의 사진(사진 51)은 지붕 위에 고도의 조각성을 띈 굴뚝들이 나있는 에게해 도여 지방의 산기슭이며, 오른쪽(사진 52)은 아빌라Avila의 소탈바Sotalba에 있는 성의 한 모퉁이이다.

52

53

도시구조(Town structure)

이질적인 두 도시의 구조를 대표하는 잔지바르Zanzibar의 점묘법을 연상시키는 패턴(사진 53)과 모로코 마라케쉬Marrakesh의 완화된 기하학적 패턴(사진 54)을 소개한다. 잔지바르 시의 몇몇의 지역에는 아직도 고립된 오두막이 있는 촌락의 특성을 보존하고 있다. 도로나 공터가 유리창에 떨어진 빗방울처럼 불규칙하게 나있다.

메라케쉬는 이슬람 문화권의 전형적인 도시이다. 안마당을 에워싸고 있는 사각형 건물이 이색적이다. 이렇다 할 도로가 없고 시원하고 좁은 골목길은 자주 막다른 골목으로 끝난다.

54

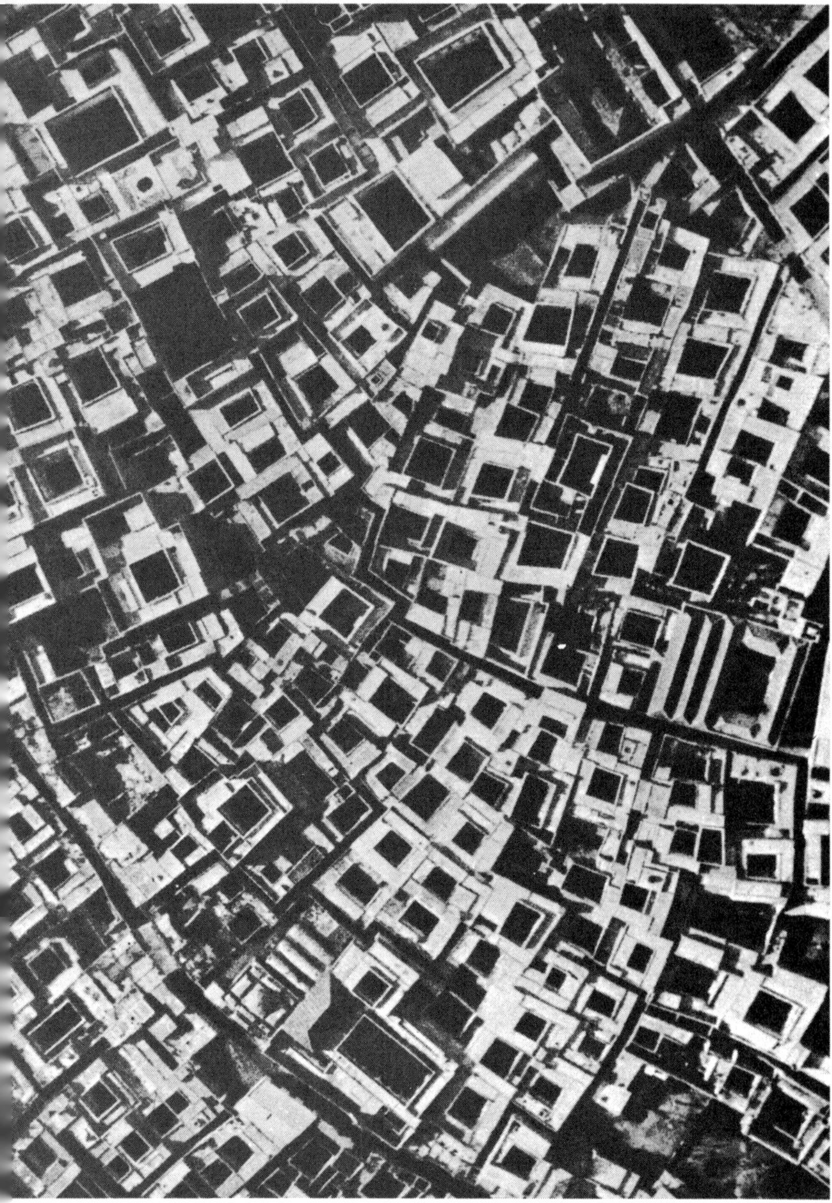

55

단위(연립)건축

(Unit architecture)

단일 건물 형태를 사용한다고 해서 반드시 단조로운 법은 없다. 지형의 불규칙성, 이례적인 값이 작은 변화를 가져오고 그것이 통일성과 다양성 사이에 완벽한 균형을 이룬다.

위(사진 55)는 스페인의 미하스Mijas, 아래(사진 56)는 헤르모사 빌라Villa Hermosa, 오른쪽 아래(사진 57)는 이탈리아의 피스티치Pisticci이다.

56

57

고전적 토속성(The classical vernacular)

험준한 자연이 인간의 예술적 재능을 자극하는 것이 아닐까? 탁월한 이 도시와 화산 위에 사는 것과 같은 이 도시 주민들이 그 일례라 하겠다. 아파노메리아Apanomeria는 분화구 언저리, 즉 선사 시대에 뿜어낸 화산 분출물 위에 세워졌다. 주택들은 검은 암괴와 대비되어 눈부시게 하얗고 일종의 끝없는 조각을 이룬다.

이 사진이 찍힐 무렵 1920년대에는 이미 상업 건축이 들어서기 시작했다(오른쪽 제일 위 구석을 보라). 그러나 전면에 있는 옛 주택들은 지방의 전통에 따라 만들어졌다. 이 형태는 fugue의 음이 그렇지 않은 것과 마찬가지로 우연한 것은 아니다. 모두가 아치형 지붕의 방이 있는 단일 주거 형태의 변형이다. 내부에는 계단이 없고 각 방은 모두 바깥에서 바로 들어가게 되어 있다. 벽과 천장-그리고 심지어 방바닥에 조차도-에 회칠을 해서 빛을 반사하기 때문에 작은 창문이 아주 적절하다. 전체적인 조화를 깨뜨릴 만큼 이례적으로 큰 건물을 없다. 심지어 수많은 예배당도 토속건축을 고스란히 따르고 있다.

59

요새화된 장소(Fortified places)

분리된 층고Split-level 건물이 주는 미학적 모험에 성인들이 열광한다는 것은 사실이다. 이것은 문명에 관해 한마디로 말할 수는 없지만 우리 건축에 있어서는 특이한 비평이 된다. 그러한 사실은 다름 아닌 우리가 이 땅을 떠나 건축적인 상상의 나래를 펴고 가볍게 비상할 수조차 없음을 시사하기 때문이다. 우리는 풍부한 상상력으로 설계된 공간에 들어가 볼 기회마저 없었기 때문에 여기에 제시된 건축들을 훌륭하게 판단할 것 같지는 않다. 그러나 대략적인 사진만 보아도 그것이 주는 기쁨의 일부를 알 것이다. 미로와 밀실, 어두운 통로, 그리고 변화무쌍한 계단층의 매력-이 밀폐된 공간이 주는 영원한 신비-은 완전히 복잡하면서도 동시에 수정처럼 투명한 건축적 관용구로 해석되어 충격을 잃지 않고 전달되었다. 주택도 아니고 도시도 아닌 두 가지의 조합인 이 건축은 자체의 내적인 빛과 자유분방한 상상력에 따라 작업한 건축가들의 작품이다. 사진은 모로코 남부에 있는 사막의 요새이다(사진 59, 60).

60

61

가족 규모의 요새 건축(Family-size fortifications)

불과 수백 년 전만해도 유럽과 아시아에서는 가는 각주형 탑이 뾰족이 솟아 스카이라인을 형성하는 도시가 많았다. 오늘날의 관례와는 다르게 지붕 위나 거리에서 보다는 적절한 건물의 유리한 고지에서 성내 전투를 하는 것이 한결 위엄 있고 미적이었기 때문이다.

앞 페이지(사진 61)는 볼로냐**Bologna**에 세워져 있는 200개의 탑 가운데 2개이다. 왼쪽에 있는 아시넬리 탑**Torre Asinelli**은 높이 323피트로 1109년에 세워졌다. 오른쪽에 있는 미완성의 가리센다 탑**Torre Garisenda**은 1년 뒤에 세워졌고 8피트 이상이나 기울어져 있다.

62

위쪽(사진 62)은 펠로폰네소스**Peloponnesus**에 있는 요새 마을 가운데 하나인 바테이아**Vatheia**이다. 아래쪽(사진 63)은 비슷한 실루엣 [20]을 보여주는 예멘**Yemen**의 어느 도시이다.

63

스바네시아의 요새마을(The fortified villages of Svanetia)

앞 페이지의 바테이아와 마찬가지로 코카서스 서부의 높은 골짜기 스바네시아 마을도 탑으로 방어하고 있다(사진 64, 65, 66). 최근까지만 하더라도 각 가정은 방위비를 자체적으로 마련해야 했다. 그도 그럴 것이 19세기 후반만 해도 두 혈족간의 유혈 전쟁이 허다했기 때문이다. '한 가족이 사는 소규모 요새들을 12세기 이전까지 추적해 보면, 그 지방의 외관은 거의 변하지 않았다. 탑과 성들은 때로는 단독으로 때로는 50~60개의 군집들clusters로 점점으로 흩어져 경관으로 남아 있다.' 라고 1920년대에 이 계곡을 방문했던 미국 빙하 연구가 윌리엄 오 필드William O. Field는 논평한다.

64

65

66

67

아케이드(Acades)

아케이드라는 단어, 그리고 그와 비슷한 개념의 말들은 미국어로 번역되지 않는데 그것은 아마도 우리에게 아케이드 같은 건축물이 없기 때문일 것이다. 잡다한 아케이드가 여기서 고려하는 변형물은 아니다. 아케이드란 이타적 타락이 건축화한 것, 즉 공동체에 바친 사유 재산을 지칭한다.

위쪽(사진 67)은 스위스 수도 베른Bern의 아케이드로 16세기에 지어졌다.

아래(사진 68)는 스페인 나바라Navarra 주에 있는 아이바르Aibar 거리이다. 이 도시는 중세의 모습을 간직하고 있다. 어떤 거리에는 목조나 석조 아케이드가 줄지어 서 있고, 아직도 많은 주택들에 고딕식 현관이 있다.

68

69

포르투갈의 카페 에스피쉘Cape Espichel에 있는 여관을 따라 세워져 있는 아케이드(위 사진 69).
돌도뉴 몽빠제Dordogne Monpazier 광장 주변에 있는 아케이드(아래 사진 70).

70

71

아케이드, 계속(Acades, continued)

옛 것으로부터의 기쁨과 특권이 사라지는 것은 진보의 명백한 첫 신호이다. 1세기도 안된 시대에는 스페인의 전체 소도시와 거리를 따라 수 마일에 달하는 지붕 덮인 도로가 나있었다. 그러나 오늘날 아케이드는 빠르게 사라지고 있다. 위쪽(사진 71, 73)은 스페인 서부 가로빌라스Garrovillas 시 광장 양쪽 아케이드이다. 다음 페이지 아래(사진 74)는 위 사진의 오른쪽에 보이는 길목을 확대한 것이다. 이 사진은 자유롭게 선택된 단순한 디자인이 복잡하지만 어떻게 보다 매력적인 공간으로 형성되는지를 보여준다. 아래(사진 72)는 스페인 칼다스 데 레이예스의 거리인데, 아케이드가 거리를 좁은 통로로 좁혀 놓았다.

72

73

74

75

아케이드 계속(Acades, continued)

오늘날의 체코슬로바키아에 있는 옛 모라비아의 도시 텔크Telc는 주로 두 개의 기념비적 귀족주택구역blocks들로 구성된다. 이들은 한쪽에 광장 다른 한쪽에는 호수를 끼고 있다. 그리하여 각 주택은 도시와 전원적인 부분을 동시에 겸비하고 있으며 정원이 후자를 마무리 한다. 광장은(장방형이 아닌) 이 도시의 유일한 대로이다. 광장 주변은 전체가 아케이드로 둘러싸여 있다.

아케이드가 나 있는 박공벽 주택의 열들(위와 아래 사진 75, 76). 반대편(사진 77)은 시골풍의 리볼리 가Rue Rivoli에 있는 아케이드 내부의 모습.

76

77

78

79

복개도로(Covered streets)

어슴프레한 세 장의 사진은 도시인의 마음에 공포를 불러일으킬지도 모른다. 왜냐하면 거의 반사적으로 무시무시한 범죄를 연상할 것이기 때문이다. 그러나 후진국에서는 보통 그와 같은 도로가 도리어 미사중인 성당만큼이나 안전하다. 여전히 비록 그 지방 사람들에게는 그러한 도로들이 당연하게 여겨지는 것들이라 할지라도, 우리에게는 그것들이 비현실적이며 교통신호나 보도, 즐비하게 늘어선 자동차와 쓰레기통—이들 모두는 고도화된 문명의 특징으로 받아들이는 것들이다—이 결여된 것처럼 보이는 것 같다.

스페인 베나베레Benabarre 거리이다.

80

이탈리아 구비오Gubbio. 다음페이지(사진 81)는 리비아 사막 카르가Kharga 오아시스에 있는 거리.

사진들은 복잡한 공간을 가로질러 통과하는 통로들에 대해 실제적인 경험을 단지 암시할 뿐이다. 그렇지만 이러한 경험은 모든 감각에 작용한다. 즉 어둠을 꿰뚫는 다발의 빛, 냉기와 온기의 파동, 자신의 발자국에서 나는 메아리, 햇빛에 익은 돌의 냄새. 이러한 느낌들은 평상시에는 별것 아니라서 부정하는 것들이지만 그 느낌들이 종합되면서 미적인 모험이 더해져 감동으로 다가온다.

81

82

반복개 도로(Semicovered streets)

아케이드 보다는 덜 견고하지만 좀 더 화려하고 통풍이 잘되는 레이스 모양의 덮개는 동양의 거리와 뜰을 유쾌하게 한다. 덮개의 그림자는 단순한 방식으로 만들어진다. 즉 격자나 거적, 그물이나 넝쿨들의 차양canopies은 직사광선을 걸러 일종의 시각적인 액체로 만드는데 유용하다.

모든 예들(사진 82, 83, 84, 85)은 마지막 사진을 제외하고는 아프리카에서 가져온 것들이다. 마지막 사진은 세빌라Sevilla 거리를 가로질러 펼쳐진 천막덮개 톨도스toldos를 나타낸다(사진 86).

83

84

85

86

87

88

로지아(Loggie) [21)]

로지아는 토속건축의 오래된 양식으로, 복개 보도에서부터 다소 가려진 발코니와 갤러리를 통과해 주랑 [22)]까지 전반에 이른다.

반대편(사진 87)은 아토스**Athos** 산에 위치한 그리스 수도원 시몬페트라**Simon Petra**의 일부이다. 위쪽(사진 88)은 코카서스 아울 슈렉**Aul Shreck**의 파노라마이다. 아래(사진 89)는 마드리드 부근 친촌**Chinchon** 대광장에 있는 주택들인데, 주택들의 로지아는 투우가 있는 날에는 관람석으로 사용된다.

89

90

유사성전 건축(Quasi-sacral architecture)

이베리아 반도 서북부 한 귀퉁이에 있는 스페인 갈리시아[23] 지방에는 곡물창고[24]가 있다. 이 창고는 농촌건축 가운데 가장 알려지지 않은 것들이다. 이곳 주민들은 켈트족의 후예로 B.C. 500년경 대륙을 침략한 종족의 후손들이다. 그들이 살던 조잡하고 둥근 돌집은 산악지대에 가면 지금도 볼 수 있다. 지금도 여전히 주목을 끄는 것은 오레오horreo라는 옥수수 창고이다. 영구적으로 사용할 수 있도록 지어진 이 창고는 말뚝 위의 교회를 연상시키는데, 그 엄격한 선들이 인상적이다. 그와 같은 위상은 결코 우연한 것이 아니다. 즉 대다수 농민들은 빵과 그 빵을 만드는데 들어가는 재료에 종교적인 경의를 갖는다.
큼직한 화강석판을 짜맞추어 지어 놓은 오레오는 화재나 해충을 완벽히 막는

91

92

다. 창고는 기둥 위에 세워지며 기둥 꼭대기에 큰 원형 석판이 얹혀 쥐를 막는다. 또한 석판은 우연히도 고전적인 주두의 선구가 되었다. 벽에 석재끼리 맞물린 틈새가 환기장치 역할을 한다. 이 곡식창고는 한밤중에 걸어 다닌다는 전설이 전해져온다.

곡물창고 계속(Granaries, continued)

북부 포르투갈은 늘상 국내 다른 지역과의 문화적 유대보다 오히려 이웃한 스페인 갈리시아 지방과의 문화적 유대가 긴밀했다. 포르투갈 에스피구에이로스에 있는 오레오(이전 페이지 참조)의 완벽한 사본이 있다는 것은 놀랍지도 않다. 린도소Lindoso 농촌사회에서 추수는 공동의 작업이고 그 곡식창고는 현저한 특징이다. 창고는 환기를 고려해 통풍이 잘되고 침략이 있을 경우에 성으로 곡식을 운반하기 쉽도록 명당자리에 위치해 있다.

아래(사진 94): 성에서 바라본 곡식창고의 모습. 창고가 있는 대지는 자연적으로 화강암반석 위에 있고, 바닥은 타작 뜰 구실을 한다.

93

94

95

소규모 곡물창고(Small-capacity granaries)

소형 사일로[25]는 예네간두구Yenegandougou(위 사진 95), 코호호고Korhogo (오른쪽 사진 96), 디에부구Diebougou(사진 98)에서 유래한다. 바다로부터 약 400마일에 이르는 볼타 강(아이보리 해안) 상류에 있다. 네 번째 사진은 수단의 사일로 유형을 보여준다(사진 97).

97

이베리아반도의 석조 곡물창고가 밤이 되면 걸어 다닌다는 전설은 그 건물 기초부분의 다리가 긴 형상에서 비롯된 듯하다. 반면 아프리카의 창고들은 배가 불룩해서 밤이면 춤을 춘다는 전설이 나올 것 같지는 않다. 그것들의 의인화된 특성은 인간의 얼굴처럼 장식이 새겨져 있다(사진 97).

98

99

저장탑(Storage towers)

한 때 프랑스 수단에 속했던 도곤족(사진 40, 41참조)의 곡창지대들은 갈리시아나 리비아의 곡창지대들 보다 덜 기념비적이지는 않다. 반디아가라에 있는 두 개의 사각 탑들(사진 99)과 몹티[26] 근방의 석순 모양의 탑들(사진 100)은 돌출된 바위를 이용한다.

창고 요새(Storage Fortress)

린도소Lindoso(사진 93, 94를 참조)에 반하여 사적인 곡창지대들이 성곽 옆으로 안전을 위해 위치해 있다. 리비아 카바오Cabao에 있는 이 창고들은 그 자

101

체가 하나의 요새를 형성한다. 위층으로 난 계단들은 미학적으로 미국의 단순
한 토속성과 관련 있으며 피난용이다(사진 101).

비료공장(Fertilizer plants)

비둘기들은 어딘가에서 집파리나 진드기 같은 해충들을 묻혀서 그들의 집으로 가지고 온다. 그런데 그것이 성가시든 골칫거리이든 서양사회에서 대부분 사람들은 그들이 멸종되기를 간절히 바란다. 반면, 비둘기 집이 최상으로 평가되는 동양의 국가들에서는 그렇지 않다. 새똥은 돼지 저금통 원리에 효력이 있는 특별한 탑들 속에 모아진다. 그것이 다 채워지면, 짓눌려서 값비싼 내용물로 사용된다.

102

103

반대편(사진 102)은 이스파한Isfahan[27] 근방의 린장Lindjan에 있는 일련의 비둘기 탑들. 왼쪽(사진 103)과 아래(사진 104)는 나일 강 유역에 있는 비둘기 집들.

104

105

공학자 없는 공학(engineering without engineers)

원시 공업기술에서 다소 괴상한 기계들은 오늘날의 공학자들에게 모욕을 당할 지도 모르지만, 그 매력은 현대 기계들에 견줄 수 없다. 이 영구적인 시리아의 물레방아는 오론테스 강[28]으로부터 하마Hama의 주택과 정원에 사용되는 수로로 물을 끌어올린다(사진 105). 물레는 64피트 높이이며, 하마의 특권층 젊은이들을 위해 거대한 움직임으로 두 가지 역할–관람차와 다이빙대의 조합–을 한다(사진 106).

106

107

108

109

호상 가옥(Pile dwellings)[29)]

호상 가옥들은 현대건축의 창시자들에게 특별한 매력을 끌었다. 이들은 호상 가옥을 필로티 건축양식으로 차용했다. 그러나 호상 가옥은 실제적인 목적으로 차용된 적은 없었다.

보다 현실적인 초기 건설업자들은 오랫동안 그들의 옥상 가옥들 penthouses에서 안전하게 살아왔다. 세 대륙의 예들은 높은 연단들로 응용된 것들을 묘사한다. 가장 단순한 종류는 이탈리아 비에스테 Vieste에 있는 것(반대편 위쪽 사진 107)과 콩고 스탠리빌에 있는 것(반대편 아래 사진 108)과 같은 낚시터들이다.

위 사진(109): 유난 지방의 호케오우의 중국인 마을 전체는 수면 위로 높이 지주支柱위에 세워져 있다. 아래(사진 110): 바이야이buyay 마을에 있는 나무 위의 집tree-house, 뉴기니 클라렌스Clarence 산에 위치해 있다.

110

111

뼈대 건축(Skeletal Architecture)

"호수 주변 가파른 산비탈 위에 노출된 기둥의 열들이 세워져 있다. 이들은 신전들의 폐허처럼 녹색의 우거진 잎으로부터 솟아나있다. 즉, 백색의 사각 기둥들로 된 석조물은 열주列柱와 정방형들에 버려진 채 서 있다. …(중략)… 그것들은 마치 과거에 이곳에서 예배를 드렸던 어떤 위대한 민족으로부터 남겨진 것 듯하다." 특징적인 것은 건축가가 아닌 한 시인이 이런 이국적인 건축물의 매력을 발견했다는 것이다. 1912년 경, D. H. Lawrence는 가르데**Garda** 호수에 살았는데, 거기서 그의 에세이 **레몬정원***The Lemon Gardens*을 썼다.

리모나이 외관**limonaie form**은 미로 테라스를 달고, 높은 석벽들로 에워싸여 사나운 개들로 경호했다. 겨울철 동안에 나무판자들로 된 지붕들이 추위와 눈으로부터 레몬나무들을 보호하는 반면, 유리패널들은 40피트 높이의 기둥들 사이에 삽입된다. 레몬나무들 중에는 150년 동안 과실을 산출해온 것들도 있다. 사진들(사진 111, 112)은 여름에 찍은 것인데 지붕들과 벽들이 벗겨진 시골풍의 온실들을 보여준다.

112

113

하이데라바드 신드의 공조기들(The air-conditioners of Hyderabad Sind)[30]

이러한 색다른 지붕광경들(사진 113, 114, 115)은 서파키스탄 하류 신드 지구에서 눈에 띄는 특징이다. 4월부터 6월까지 기온분포는 120˚F 이상에 이르다가, 오후 산들바람으로 쾌적한 95˚F로 낮아진다. 모든 건물에 바람이 통하도록 "바드지르bad-gir"라는 바람 삽[31]들이 각각의 실에 하나씩 지붕 위에 설치된다. 바람은 항상 같은 방향으로부터 불어오기 때문에, 바람 삽들의 위치는 영구히 고정된다. 고층 주택들에서 바람 삽들은 건물 내의 전화기처럼 이중으로 되어 아래로 쭉 뻗는다. 비록 이 괴상한 기계의 기원이 알려지지는 않았지만, 적어도 500년 동안 사용되어 왔다.

114

거룩한 건축(Celestial Architecture)

이론건축가 사이에서 가장 인상적인 표본들로 여겨지는 몇몇은 인도 자이푸르[32]에 있다. 그것들은 Maharajah Sawai Jai Singh II 의 설계로 18세기에 축조된 거대하고 천문학적인 계기들이다. 그 목적은 휴대용 금관악기들로부터 입수할 수 있는 자료보다도 더 정확하게 천문학적인 자료의 정확성을 높이는 것이었다. 그것들이 기대에 따른 적이 없었기 때문에 기능성이 결여된 건축물의 전적인 또는 거의 전적인 보기 드문 예로 묘사된다.

왼쪽과 오른쪽 사진(116, 117)들은 "최고의 계기"를 나타낸다. Samrat Yantra 와 12개의 동일한 더 작은 구조물들.

오른쪽(사진 118)아래는 포르투갈 어업도시 Olhão에 있는 수백 개의 작은 규모의 천문대 중 하나. 그것들은 미망인들의 산책로에 상당하는 지역적인 것이다.

117

118

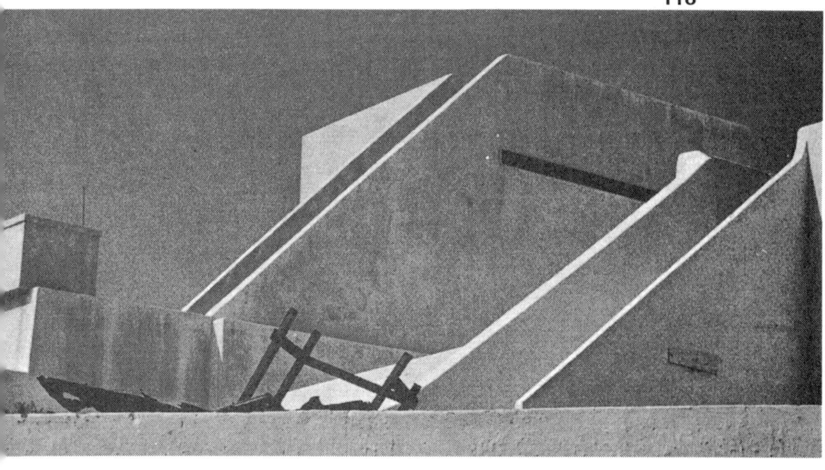

상징적인 토속건축

(Symbolic vernacular)

탑들은 우리시대에만 이윤과 고리를 위해 축조된다. 과거에 중요한 것은 주로 상징성이었다. 기능적으로 방어를 위한 탑들에서부터 대게 종교적 감성들–믿음, 희망, 고뇌 등과 같은–을 표현했다. 카톨릭 성당의 첨탑들spires, 이슬람사원의 첨탑들minarets, 불교 · 힌두교 사원의 다층의 탑들pagodas은 기도자를 보내기 위해 의도된 건물의 필수적인 부분이었고 또한 필수적인 부분이다. 그러나 유명한 바벨탑만 영문을 알 수 없이 불손한 결과를 초래했다.

왼쪽에서부터 오른쪽으로: 이라크의 사마라Samarra 탑은 11세기 전에 세워졌다. 140피트의 오르막은 난간을 제공하지 않고 만들어졌다.(사진 119)

바그다드에 있는 shakhshibab al din 'Umar al-suhawardi 무덤으로 13세기의 탑 모양의 무덤. (사진 120)

아일랜드 워터포드[33] 카운티에 있는 아드모어Ardmore 탑(사진 121)

120

121

122 123

124

꾸밈없는 성들(Ungarnished castles)

현대건축의 창시자들은 스페인 성들로부터 하나 이상의 단서를 찾아낸다. 기능적이고 엄격하며 눈에 띄게 샤또 양식[34]의 상세에 얽매이지 않는다. 이러한 성채들의 부피는 주로 입방체나 원통형으로 구성된다.

위쪽에 있는 것(사진 124)은 바야돌리드[35] 지방 몬티알레그레Montealegre. 반대편 위쪽(사진 122)은 마드리드 근방의 비얄레호드살반느villarejo de salvanes. 아래(사진 123)는 서파키스탄의 북서부 국경에 있는 스와트 주Swat State 성채의 원형.

125

126

목초 구조물(Grass structures)

토착의 건축술은 종종 대단히 대담하고 우아하게 보인다. 뉴기니만 마이푸아 Maipua에 있는 남자들의 클럽회관을 만들기 위해 치솟은 형틀은(왼쪽 사진 125) 대나무 막대로 만들어져 초가지붕으로 덮일 것이다(대나무는 나무가 아니라 80피트 높이에 이르는 목초이다. 또 다른 상상을 위해 대나무 구조를 보고 싶다면 사진 153을 참조하라).

두 단계의 작업(사진 126, 127)을 거쳐 마침내 하나의 건축물(사진 128)을 만들어 내는 방식으로 이라크 남부에서 사용된다. 건물의 재료는 티그리스와 유프라테스 하류를 따라 자라는 거대한 갈대이다. 이것은 20피트 높이에 달한다. 그것은 속간[36]으로 묶이고, 땅으로 고정되어 포물선 아치로 구부려진다. 쪼갠 갈대로부터 엮은 거적mats은 지붕을 만든다. 내부는 가구가 없다. 그러나 카펫과 커피를 제조하는 벽난로는 유일한 설비이다.

127 

128

129

토속적 건축 목재(Wood in vernacular architecture)

통나무집들은 단순히 톱으로 자른 나무 줄기로 만들 수 있는 건축물이 아니다. 두 가지 예를 보면, 이 재료는 기념비적이고 우아한 성질을 만들어 낸다. 위(사진 129) 교토 이나리Inari 신사로 접근하는 측면에 서있는 일렬의 토리[37] 이다. 토리는 사각 아치의 일종으로 신도神道 신사로 가는 부속물이며 그것의 기원은 알려져 있지 않다.

반대편(사진 130): 피라네지[38]의 판타지를 연상시키는 내부는 17세기의 폴란드 비엘리치카Wieliczka 암염광산처럼 지주[39]들로 구성된다. 이 지하 미궁은 16마일 이상의 길이로 980피트에 달한다. 하나 밑에 또 다른 하나가 일곱 단계로 계단들로 연결되어 있다.

130

담(Enclosures)

정원 담벽, 울타리, 담장 등은 프라이버시에 민감한 사람들에게는 의혹의 눈길로 보인다. 모든 있음직한 종류의 차폐막들screens은 여전히 문명화된 건축물의 필수 요건이 되어왔다. 아래(사진 131)는 카메룬의 로곤비르니Logone-Birni의 수직식 건축양식을 나타낸다. 가령, 지붕을 넘어 건물들이 거의 부수적인 것처럼 보이게 하기 위해서 옥외공간을 매우 풍부하게 담으로 둘러 싼다.

오른쪽(사진 132)의 부분적인 담들은 일본 서부 시마네 현[40]에 있는 방풍막들이다. 겨울바람과 눈보라에 맞서 튼튼한 완충 장치들을 세우기 위해 농부들은 소나무를 약 50피트 높이로 두꺼운 L자형의 울타리들로 만들었다. 일본 북부의 몇몇 지방에서는 겨울 동안 집주변이나 때때로 마을 전체에 비슷한 높이의 밀짚 막들이 쳐졌다.

131

전원건축 (Rural Architecture)

잠비아 목동들이 사는 마을의 영묘한 광경은 소위 악마의 고리라고 불리는 균류학적 현상을 연상시킨다. 마치 버섯들이 완벽한 원들 안에서 자라는 모습과 같다. 수 천 개의 초가지붕으로 덮인 오두막들은 부족장의 여러 아내들을 위한 오두막들로 구성되어 있는데, 부족장의 군락 주위에 원을 이룬다. 가장 큰 오두막은 그가 좋아하는 아내의 것이다. 반면 그는 이질적인 형태의 평지붕 나무로 만든 상자형에 거주한다. 수백 남짓의 우리들은 5,000마리의 가축을 수용한다(사진 133).

133

오른쪽(사진 134)은 127쪽(사진 134)의 고리 사진의 일부분이다.

134

135

136

직조의 궁전들(Woven palaces)

문명화에서 우리의 것보다 덜 육중한, 짚으로 만든 울타리들은 왕들이 사용하기 알맞게 고안 된다. 자유로운 형태의 벽들은(위쪽) 잠비아 레알루이Lealui 왕실의 뜰을 가린다. 위(사진 135)는 북로디지아Northern Rhodesia.

아래(사진 136)는 콩고 바쿠바 Bakuba 의 왕가에 있는 저택. 오른쪽(사진 137)은 솔로몬 섬 알로아 만에 있는 재판관 관저의 상세.

137

이동 가능한 건축(Movable architecture)

이른바 원시의 사람들은 원래 살던 집이나 아파트로부터 다른 곳으로 이주하는(우리가 가진 재산이나 가족 모두를 포함해) 우리의 습성을 애통해 한다. 게다가 낯선 사람들이 살았던 공간에 산다는 생각은 그들에게는 누군가의 옷장 속 오래된 옷을 중고로 사는 것만큼이나 치욕적인 것 같아 보인다. 그들은 이주할 때, 새집을 짓거나 원래 살던 집을 함께 갖고 가는 것을 선호한다.

138

130쪽(사진 138)은 기니Guinea의 이삿날, 그리고 133쪽(사진 142)은 베트남의 이삿날. 위쪽은(사진 139) 당나귀 두 마리가 오두막들에 사용될 구조물의 재료들을 운반한다. 케냐의 렌딜Rendille 유목민들.

때때로 옷과 집 사이의 경계선은 마치 우비와 천막 사이처럼 흐려진다. 빈 광주리들이(반대편 위쪽 사진 140, 141) 사람 본래의 영역에 비해 피난처의 두 배가 될 수도 있고, 휴대할 수 있는 지붕은 우산이 될 수 있고 그 반대가 될 수도 있다. 인도 체라푼지Cherrapunji.

140

141

식물성 지붕(Vegetal roofs)

따뜻한 기후에서 종종 건물들은 양산과 우산 역할을 하는 하나의 지붕에 지나지 않는 것으로 구성된다. "처음에 우리는 땅위에 사진자를 투영하기 위해 양산을 펼쳤다. 그리고 그림자 안에 집을 완성한다. " 라고 일본 소설가 타니자키Tanizaki는 저술했다. 여기에 식물성 재료로 만든 풍성한 지붕으로 기술적으로 나무랄 데 없는 세 장면을 보자. 풍성한 보풀모양의 덮개를 한 키르디kirdi 오두막(사진 143)은 수단지방(사진 144)의 육중한 초가지붕과 마찬가지로 토착건축의 업적이다. 땅으로 뻗은 귀 덮개 모양의 지붕(오른쪽 사진 145)은 일본 북부지방 지붕골의 토속적 특징이다. 상당히 공업화된 지붕 재료들과 비교해 초가지붕은 영구적이다(더위와 추위에 우수한 단열성에 대해서는 말할 나위도 없다). 그러나 훌륭한 지붕수리공이 오늘날까지 계승되기는 힘들다. 과거 자연환경에 잘 어우러졌던 많은 일본의 옛 농장들은 오늘날 새로운 주석 지붕들로 빛나는 자태를 뽐낸다.

143

144

원시시대의 볼트(The primeval vault)[41]

볼트로 된 지붕은 유인원 주거지 인근에서 종종 발견된다. 그러나 이들의 정확한 관계는 지금껏 적절하게 정립된 적이 없다. 여기에 묘사되는 테라인 Theraen 주거는 최초의 형태이다(사진 146). 일반화된 주거단위는 반원통형 볼트로 된 사각형의 셀cell로 구성되며, 종종 또 다른 주거 단위가 중첩된다. 오른쪽 사진(사진 147)은 절벽에 면한 주거지들이 땅에 반쯤 파묻혀, 결국 받쳐주는 구조물 없이 서있는 주거지들의 변천을 명확히 보여준다. 어떤 집들은 과일과 채소를 건조하기 위해(사진 1을 참조) 덧붙여진 평지붕으로 되어있다. 볼트로 된 단위 주택의 표본들은 에게 해에 국한되는 것이 아니라 에트루리아를 따라서도 발견된다.

146

선형(船型)볼트(Sail vaults)

우리는 대개 둘러싸인 공간을 건축비와 임대료 관점에서 판단한다. 즉 그것의 감각적인 효과는 아마도 그 자체가 실의 비율과 상관없이 "높은 천장"에 대한 열망 외에는 느껴지는 것이 거의 없을 것이다. 그러나 적어도 이것은 모든 건축적 공간의 상부가 중요한 역할을 담당한다는 점을 암시한다. 특히, 볼트로 된 천장들은 안정감을 알려주는 듯하다.

볼트 구조물이 건물과 거의 같은 의미로 해석되는 이란에서 위로 보이는 마을 경관은 모든 건물의 내부 구조를 완전히 노출시킨다. 이스파한에서는(아래 사진 148) 신전, 사람들의 주거, 심지어 거리에서 조차도 요염하게 물결치는 지붕들로 덮여 있다. 둥근 지붕의 열이 사진을 가로질러 사선으로 뻗어서 시장 거리를 덮는다.

148

149

큰 여관(위 사진 149)과 찻집(아래 사진 150)은 테헤란Teheran 근처 쿰Qum 번화가에 있다. 벽은 돌 조각, 진흙 벽돌로 된 볼트와 아치들로 이루어진다. 찻집의 아홉 개의 교각들은 다섯 개의 둥근 지붕 볼트와 네 개의 분리된 볼트들로 덮여 있고, 네 개의 각주와 주변 벽들이 놓여 있다. 큰 여관의 21개 교각들로 된 볼트들은 기울어진 천장 부분으로 측면을 지키며, 최대 응력을 감당하기 위해 4개의 각주가 내부를 지지한다. 마치 파도처럼 부풀어 올라 바람 속의 범선과 같은 형태의 볼트는 종종 선형볼트sail vault, volta a vela로 언급된다.

150

151

석공과 건축가(Mason vs Architect)

M.I.T에서 페르시아 건축을 가르치는 Jamshid Kooros는 "석공에게 벽돌과 모르타르를 주고, 그에게 공간을 덮고 속에 빛이 들어오게 하라고 말해보라. 그러면 결과는 무척 놀랍다. 석공은 그의 한계 내에서 무한한 가능성들을 발휘 한다. 즉 다양성과 조화가 있다. 반면 모든 재료와 구조적 시스템을 겸비한 현대 건축가는 넘칠 만큼 많은 것을 가지고도 단조로움과 부조화를 만들어 낸다." 라고 썼다(사진 151).

152

이스파한 Masjid-e-Jameh에 있는 두개의 볼트. 15세기로 추정됨(사진 152).

토속적 기교(Vernacular virtuosity)

실로 신비로운 효과들이 종종 단순한 방식으로 이루어진다. 왼쪽(사진 153), 대나무 막대와 담쟁이덩굴로 만든 일본식 정자가 있다. 아래(사진 154)의 큐폴라[42]는 마치 터키식 목욕탕의 월풀whirlpool이 그 소용돌이 속에 밝은 별들을 붙잡은 듯한 모습이다. 돔속에 끼워져 있는 반짝이는 원반들은 두꺼운 수정체 형상이다. 터키 이즈닉. 오스만 시기.

154

155

소박하고 다채로운 여성상(Caryatids, plain and polychrome)

역사적으로 기록되지 않은 건축물에 대해 이상과 같은 대략적인 회고rapid review는 주로 폭넓은 명시만으로 그것의 지붕 아래에 감추어진 기쁨을 접할 수는 없을 것이라 생각된다. 따라서 이 두 사진들은 그저 숨겨진 건축적 면모의 암시에 불가하다. 왼쪽은(사진 155) 다호메이[43] 케투ketou 궁전의 지붕을 받치고 있는 의인화된 기둥들이고, 오른쪽(사진 156)에 있는 것은 도곤(사진 41 참조) 공동체의 휴식처이다. 이들은 현대 서양 미술로 이어지는 에레크테이온[44]의 코레[45]보다 아마도 덜 오래되고 덜 여성적일 것이다. 우리가 보는 진품들은 다소 평범하지만 상당히 훌륭한 후진국들의 표본이다.

역주 譯註

1) 선박에 사용하는 주재료로 선체(船體)의 중심선을 따라 배 밑을 선수(船首)에서 선미(船尾)까지 꿰뚫은 부재.

2) 강에서 떼지어 사는 설치목 동물로 진흙이나 나뭇가지로 댐을 만들고 그 속에서 산다. 해리(海狸)라고도 한다.

3) 외적에 대비하여 도시나 성곽 주변에 판 못.

4) 저자의 상황을 고려하면 미국을 말함.

5) 고대 로마의 정치가, 예술의 보호자

6) 페루 남부 쿠스코시(市)의 북서쪽 우루밤바 계곡에 있는 잉카 유적.

7) 미국 남북전쟁의 격전지.

8) 프랑스 북서부의 반도, 프랑스명 Bretagne.

9) 프랑스 북서부 브르타뉴주(州) 모르비앙현(縣)에 있는 도시.

10) 고대 도시 등의 대규모 공동묘지.

11) 신장, 新疆(신강), Xinjiang,, 중국 산시성[山西省] 남서부에 있는 현.

12) 저자가 이 책을 출간할 당시인 1964년을 감안하면 1930년경으로 재해석됨.

13) 스웨덴의 탐험가, 지리학자.(1865~1952)

14) 혈거(穴居), 동굴에서 사는 것을 말함.

15) amenity, 주변 환경의 쾌적성이나 편의성

16) 랴오닝성, 遼寧省(요녕성, Liaoning), 저자는 Loyang이라고 쓰고 있으나 중국발음표기가 잘못된 것으로 추측됨.

17) 수로나 항만 등의 모래보다 잘고 진흙보다 거친 미세 흙.

18) Dogon, 서아프리카 말리, 언어적 ·문화적으로 볼타 제족(諸族)에 속하며, 복잡한 우주발생론이나 추상적 개념을 지닌 독자적인 전통을 가지고 있음.

19) 황푸강, 黃浦江(황포강), 중국 양쯔강[揚子江] 하류의 지류.

20) silhouette, 창문에 비친 사람의 그림자, 또는 불빛에 비친 물체의 그림자.

21) loggia, 한쪽이 트인 주랑(柱廊), 가옥의 지붕부분에 부착 됨.

22) 기둥으로 된 복도

23) Galicia, 에스파냐 북서부 지방.

24) 본래 곡물창고(granary)이란, 농경단계에서 인류가 식량을 새나 짐승으로부터 지키고, 부패하지 않도록 하기 위하여 저장하는 창고를 의미하는 말이었다.

25) silo, 저장용 지하실

26) Mopti, 서아프리카 말리에 있는 몹티주(州)의 주도(州都).

27) 이란 중부의 옛 도읍, 옛 이름은 아스파다나.

28) Orontes River, 서남아시아 서부에 흐르는 강.

29) 수중에 말뚝을 박고 그 위에 지은 집에 살던 선사 시대의 호상(湖上) 가옥, 수상(水上)가옥이라고도 함.

30) 신드 주, 파키스탄 인더스 강 하류에 있는 주, 모헨조다로 유적이 대표하는 고대 인더스 문명의 발상지.

31) windscoop, 바람을 퍼내는 삽

32) Jaipur, 인도 라자스탄 주(州)의 주도(州都).

33) Waterford county, 아일랜드 맨스터주(州)에 있는 도시.

34) château-style. 프랑스 귀족이나 대지주의 큰 저택, 성 양식

35) Valladolid, 에스파냐 카스티야라비에하(옛 카스티야) 지방에 있는 바야돌리드주(州)의 주도(州都).

36) 고대 로마에서 다발로 묶은 막대 속에 도끼를 끼운 것으로 집정관의 권위를 표시,

37) とり-い [鳥居], 신사(神社) 입구에 세운 두 기둥의 문.

38) Piranesi(1720~1778), 이탈리아의 판화가 · 건축가.

39) 支柱, 버팀목

40) 일본 혼슈[本州] 남서부에 있는 현.

41) 볼트(vault)란, 아치(arch)에서 발달된 반원형 천장 · 지붕을 이루는 곡면구조체(曲面構造體).

42) cupolar, 둥근 지붕 모양, 둥근 천정.

43) Dahomey, 15~19세기 서아프리카의 베냉 남부에서 번영하였던 왕국.

44) Erechtheion, 그리스 아테네의 아크로폴리스의 중앙 파르테논의 북쪽에 있는 이오니아식 신전(BC 421 ~ BC 405).

45) kore, 고대 그리스의 소녀 입상.

버나드 루도프스키(1905. 4. 13 - 1988) 오스트리아 태생. 미국인 작가, 건축가, 수집가, 선생, 디자이너, 사회 역사학자.

오스트리아에서 건축학 박사학위를 취득한 후 독일, 이태리 그리고 수 십 개국에서 활동하였고, 1930년대 건축사 일을 하기위해 임시적으로 브라질에 거주하였으며, 상파울로지역에 다수의 저명한 주택들을 건설하였다. An entry in a 1941년 디자인 공모에 출품하여 MOMA로부터 초대를 받아 미국을 여행하게 되었다. Yale, MIT, Cooper-Hewitt, 토쿄의 와세다 대학 그리고 코펜하겐의 왕립 미술 아카데미 등 여러 곳에서 가르쳤다. 그는 포드, 풀브라이트 그리고 구겐하임 펠로우였다.

1940년대, 1950년대 그리고 1960년대의 논란꺼리가 된 현대 미술전을 연속적으로 개최하는데 가장 영향력이 있었던 루도프스키는, 유쾌하면서도 파괴적인 풍자 속에 감추어진 관련된 디자인 통찰력을 제공하는 다수의 세련된 책으로 오늘 날에도 가장 기억되고 있다. 그의 관심은 자국의 건축에서 일본식 화장실 그리고 샌달 디자인에까지 이르고 있다. 이 모든 것들이 모여서 그의 작품들은 인간적이고 감각적인 디자인을 위한 하나의 한결같은 주장을 구성한다.

예를 들면, "이제 먹기 위해 눕는다"는 먹고, 자고, 앉고, 청소하고, 목욕하는 등 일상생활의 디자인 문제들에 대한 역사적 문화적 대체 여행이며 ? "위험한 이단을 퍼뜨리거나 가능에 대한 우리들의 가장 최악적인 선택을 하는 타고난 권리를 손상하기 위한 것도 아니다. 오히려, 인생은 우리들이 생활하는 것보다 덜 단조로울 수 있다는 것을 무작위적인 예를 들어 나타내고 있다." 이와는 대조적으로 루도프스키는 비록 우스꽝스럽거나 제멋대로가 아니긴 하지만, 서구적 디자인을 분명히 개선시키고 있다. 왜 표준형 미국식 화장실은 효과적인 전염성의 가습기(변기를 의미)이고, 왜 미국식 목욕통은 왜 성인들이 들어 누울 수 없는 크기이며 왜 전염성의 가습기(변기)로부터 일률적으로 2-3피트 정도 떨어져 영구히 설치되어 있는 것인지 등은 물어볼 가치가 있다.

In 1944년, 루도프스키와 그의 부인 베르타는 전설적인 블랙 마운틴 대학에 2주간 초대를 받았다. 버나드씨는 의복 디자인에 대해, 현대 복장을, 시대착오적이고, 비합리적이고, 비실용적이며 해롭고 그리고 문자 그대로 적당하지 못하다며, 슬픈 현상에 대해 2 차례의 강의를 하였다. 그의 강의 중의 하나의 제목은 "어떻게 현대인들이 그러한 의복을 착용하고 있으면서 훌륭한 건축을 기대할 수 있겠는가?"였다. 베르타 부인은 비공식적인, 즉흥의 샌들 제작에 대한 강의를 준비하였다. 베르타 부인은 그 다음해에도 초대를 받았고, 그리하여 1947년 그들의 성공적인 벤쳐회사인 버나드 샌들이 조직되었고 오늘 날에도 번창하고 있다.

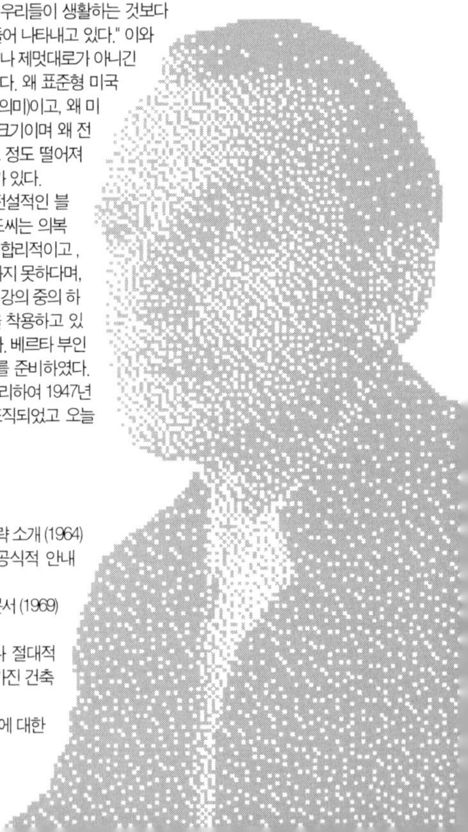

주요 작품

- 그림 창 뒤에서 (1955)
- 건축가 없는 건축: 비 혈통 건축에 대한 간략 소개 (1964)
- 키모노 마음: 일본과 일본인에 대한 비공식적 안내 (1965)
- 사람들을 위한 거리: 미국인들을 위한 입문서 (1969)
- 비 유행적인 육체 (1971)
- 기괴한 건설자들: 전통적으로 방치되거나 절대적으로 무시된 종들에 대한 특별한 관심을 가진 건축에 대한 자연사 소고 (1977)
- 이제 먹기 위해 눕는다: 생활 예술의 상실에 대한 노트와 각주 (1980)

김미선

· 건국대학교 건축대학 건축공학과 졸업

· 서울대학교 환경대학원 도시계획학 석사

· 현, 한국건설산업연구원 건설정책연구실 초빙연구원

· 공간환경학회 간사 및 회원, 주택발전소 회원

· 역서로 〈가난한 사람들을 위한 부동산 개발〉(공역, 2005, 한울), 〈함께 만들고 나누어 사는 사회주택〉(공역, 2004, 아름다운재단)이 있고, 논문 〈기반시설연동제의 도로기반시설부담금 산정에 관한 연구〉가 있고, 보고서로 〈서울시 뉴타운사업 효율적 참여방안 연구〉(참여, 2005, 대한주택공사), 〈경제자유구역내 외국인주택공급방안〉(공저, 2006, 한국건설산업연구원) 등이 있다.

· 수상경력으로 '우수졸업설계상' (2002, 대한건축학회), '수석졸업상' (2006, 대한국토도시계획학회) 등이 있다.

건축가 없는 건축
Architecture Without Architects

2023년 3월 12일 3쇄 발행 | **Bernard Rudofsky** 지음 | 김미선 옮김 | 발행인 김기현 | 발행처 ***Spacetime*** · 시공문화사 | 등록 1993.3.12 | 편집디자인 space | 예림인쇄사 | 제본 세진문화사 | 용지 대림지업(주)

03733 서울시 서대문구 독립문공원길 13 극동프라자 5층 | 전화 02-3147-1212 팩스 02-3147-2626

e-mail spacetime@korea.com | www.spacetime.co.kr

ISBN 89-5592-074-1

정가 9,800원